E. Study

Die realistische Weltansicht und die Lehre vom Raume

Geometrie, Anschauung und Erfahrung

bremen
university
press

E. Study

Die realistische Weltansicht und die Lehre vom Raume

Geometrie, Anschauung und Erfahrung

ISBN/EAN: 9783955622633

Auflage: 1

Erscheinungsjahr: 2013

Erscheinungsort: Bremen, Deutschland

DIE

REALISTISCHE WELTANSICHT UND DIE LEHRE VOM RAUME

GEOMETRIE

ANSCHAUUNG UND ERFAHRUNG

Von

E. STUDY

ΜΗΔΕΙΣ ΑΓΕΩΜΕΤΡΗΤΟΣ ΕΙΣΙΤΩ

BRAUNSCHWEIG

DRUCK UND VERLAG VON FRIEDR. VIEWEG & SOHN

1914

Wann ist unsere Auffassung der Welt wahr?

„Wenn der Zusammenhang unserer Vorstellungen dem Zusammenhange der Dinge entspricht."

Woraus soll der Zusammenhang der Dinge gefunden werden?

„Aus dem Zusammenhange der Erscheinungen."

B. Riemann.

So sind die Vorstellungen von der Außenwelt Bilder der gesetzmäßigen Zeitfolge der Naturereignisse, und wenn sie nach den Gesetzen unseres Denkens richtig gebildet sind, und wir sie durch unsere Handlungen richtig in die Wirklichkeit wieder zurück zu übersetzen vermögen, sind die Vorstellungen, welche wir haben, auch für unser Denkvermögen die einzig wahren.

Helmholtz.

VORWORT.

Im vorliegenden kleinen Buche wird die Frage nach der Natur unseres Raumes behandelt. Erkenntnistheoretische Ansichten, die im Wesentlichen von Mathematikern und Physikern begründet worden sind (ich nenne Gauß, Riemann, Helmholtz) und auch heute noch unter diesen in Ansehen stehen, werden neu dargelegt und gegen eine Reihe philosophischer Angriffe verteidigt. Die große Bedeutung des Raumproblems, von dessen wie immer gestalteter Lösung ja die Bewertung der gesamten theoretischen Physik abhängt, hat daraus eine Art von Prüfstein verschiedener Weltanschauungen werden lassen. Ich habe mich bemüht, in diesem Widerstreit der Geister das Gewicht meiner Wissenschaft, der Mathematik, zur vollen Geltung zu bringen [1]).

Der Nichtfachmann wird ein solches Unternehmen dem Mathematiker in der Regel wohl nicht verdenken. Dagegen muß ich fürchten, oder ich weiß es vielmehr schon, nicht nur daß Manche unter meinen eigenen Fachgenossen an gewissen Einzelheiten Anstoß nehmen werden (Beurteilung der

---

[1]) Eine ähnliche Tendenz hat schon die bekannte Schrift von B. Erdmann: Die Axiome der Geometrie (Leipzig 1877). Diese Arbeit ist heute veraltet. Auf die hier vorgetragene Behandlung des Stoffes hat sie keinen Einfluß geübt. Ich will aber nicht unterlassen, hinzuzufügen, daß ich die sehr abfällige Beurteilung, die sie zur Zeit ihres Erscheinens seitens verschiedener Mathematiker gefunden hat, keineswegs für gerechtfertigt halten kann.

Axiomatik im Schlußkapitel), sondern auch, daß Einige wohl an der ganzen Tendenz dieser meiner Schrift keine sonderliche Freude haben werden.

Wo es sich um Weltanschauungen handelt, da pflegen Gründe stumpfe Waffen zu sein, und wenn sie gar einer so unbeliebten Wissenschaft wie der Mathematik entlehnt sind, so müssen sie erst recht wirkungslos zu Boden fallen. Also, sagt ein wohlmeinender Freund, lasse Du die Anderen reden und verwende Deine Zeit besser. Außerdem — wird vielleicht ein Zweiter sagen — ist das bescheidene Dunkel, in dem unsere Wissenschaft blüht und gedeiht, doch nur ein Glück für sie. Wehe Denen, die sie in den Strudel der Tagesmeinungen hineinziehen!

Die letzte Ansicht teile ich durchaus. Indessen scheint es mir, daß es sich hier nicht gerade um Tagesmeinungen handelt, und außerdem glaube ich, daß es für den Mathematiker selbst nicht gut ist, wenn er, wie so oft, auf seinem Piedestal der reinen Logik abseits steht und den großen Problemen der Kultur Interesse und Mitarbeit versagt. In diesem Sinne habe ich bei Abfassung meiner Schrift, die sonst Fachgenossen nicht viel bieten kann, doch auch an sie gedacht. Dem Hineinredenwollen Unberufener aber konnte einigermaßen vorgebeugt werden durch gewisse Warnungstafeln. Eine von diesen soll früher den Tempel der Philosophie geziert haben, ist aber schon längst von dort entfernt und auf den Schutthaufen geworfen worden. Ich meinte ihr ein bescheidenes Plätzchen auf meinem Titelblatt gönnen zu dürfen.

Dem erwähnten Freunde aber antworte ich Folgendes: Ich bilde mir nicht ein, leisten zu können, was ein Helmholtz nicht zustande gebracht hat, gebe mich nicht der Täuschung hin, ich könnte Gegner überzeugen. Ich rede vielmehr zu einer Generation, die ihr Weltbild sich erst formen will, und der ich Irrwege ersparen möchte. Welches aber die Weltanschauung eines Forschers sei, der sich nicht an eng umschriebene Spezialgebiete hält, ist mit nichten gleichgültig. Sogar für die Beurteilung mathematischer Untersuchungen können erkenntnistheoretische Gesichtspunkte in Betracht kommen. Ganz und gar nicht einerlei ist es aber z. B., ob ein Naturforscher die Ansichten des Jesuitenpaters Wasmann hat, der sich der Kritik eines Bischofs unterwirft, oder ob er einen anderen Standpunkt einnimmt. Ich teile durchaus die Meinung derer, die glauben, daß Galilei und Newton, Darwin und Helmholtz ihre Entdeckungen nicht hätten machen können, wenn sie nicht, in ihrer Forschertätigkeit, durch und durch Realisten gewesen wären. Ihre Erfolge nimmt der Realismus auch als seine Erfolge in Anspruch, und er hat ein Recht dazu.

In dem Buche eines früh verstorbenen hochbegabten Geologen, Melchior Neumayr, findet sich eine Bemerkung, die hierher zusetzen ich mir nicht versagen will:

„Es ist eine merkwürdige, sich immer wiederholende Erscheinung in der Geschichte der Wissenschaft: Eine neue und richtige Auffassung, die sich nicht auf neues handgreifliches Material von Tatsachen, sondern auf eine bessere Deutung schon bekannter Beobachtungen stützt, gelangt nicht dadurch zur allgemeinen Annahme, daß die Gegner durch die Macht der Gründe widerlegt und überzeugt werden, sondern dadurch, daß dieselben aussterben und die junge Generation die neue Theorie als selbstverständlich annimmt, so daß eine solche in der Regel ein Menschenalter braucht, um sich Eingang zu verschaffen."

Dieser jungen Generation also, der die Zukunft gehört, ist die vorliegende Schrift gewidmet. Daß in dem Falle, um den es sich handelt, ein Menschenalter noch nicht ausreichend war, hatte übrigens seine Gründe.

Man weiß, was Gauß davon abgehalten hat, gewisse Untersuchungen vor die Öffentlichkeit zu bringen.

Statt einer vielfach in den Vordergrund gestellten historischen Betrachtungsweise wird man hier, als Rahmen zur
Theorie des Raumproblems, Erörterungen über die
Grundsätze naturwissenschaftlicher Forschung, insbesondere über das Wesen der Hypothesen finden.
Historisches wird nur berührt, wo es der Sache dienlich
schien. Auf die Geschichte neuerer Theorien einzugehen,
war kein Anlaß, es gibt darüber Literatur genug. In bezug
auf die Meinungen älterer Philosophen mag auf einen Vortrag verwiesen werden, dessen Inhalt mir auch einige im Text
verwertete Anregungen geboten hat (R. Herbertz, Die
Philosophie des Raumes, Stuttgart 1912). Ich finde an dieser
sehr reizvollen kleinen Schrift nur den Schluß bedenklich,
der eine auf offenbarem Mißverständnis beruhende Polemik
enthält.

Die neuerdings wieder viel erörterte Frage nach der
„Existenz" oder „Nichtexistenz", besser Nachweisbarkeit
oder Unerkennbarkeit eines absoluten Raumes im Sinne
von Newton gehört mehr in die Physik als in die Raumlehre. Auf diese Kontroverse, die unlängst eine so überraschende Wendung genommen hat, bin ich nicht eingegangen.
Eben darum sei hier bemerkt, daß eine neuere Ansicht, die
Längenmaße und Zeitmaß koordiniert, damit nicht etwa die
ältere Raumlehre über den Haufen wirft, wie es vielleicht
hier und da den Anschein haben mag. Die neue Theorie,
deren Begründung durch die Experimente von Michelson
und Bucherer ja gesichert zu sein scheint, beruht vielmehr
ganz und gar auf der alten Euklidischen Geometrie im dreidimensionalen Raume. Diese geometrische Disziplin ist sowohl
ein integrierender Bestandteil der neuen Theorie, als auch
für ihren Aufbau ein unvermeidlicher Durchgangspunkt.

Wenigstens gilt das, wenn man induktiv zu Werke geht, nicht, nach modern-mathematischem Ideal, Alles axiomatisch vom Himmel fallen lassen will, was post festum allerdings möglich, dem Geiste der Physik aber ganz zuwider ist. In der ursprünglichen Form der Kontraktionshypothese von Fitzgerald und Lorentz wird sogar die neue Theorie unmittelbar in die alte eingebaut. Müssen also „Raum für sich" und „Zeit für sich" zu Schatten verblassen, so führt der Weg zur Physik der Zukunft notwendigerweise durch ein solches Schattenland. Daß aber dieses den Namen der Euklidischen Geometrie führen wird, scheint nicht ganz sicher. Das Minkowskische Weltbild ist ein Grenzfall, auf ähnliche Art, wie die Euklidische Geometrie Grenzfall der Nicht-Euklidischen ist.

Bei Abfassung des vorliegenden Buches bin ich durch Kritik und sonstigen guten Rat von Freunden und Kollegen vielfach unterstützt worden. Ihnen allen spreche ich meinen herzlichsten Dank aus.

Bonn, im September 1913.

E. Study.

INHALT.

Einleitung.

Zu einer wissenschaftlichen Beschreibung des Raumes, in dem wir leben, gehört Mathematik, und um diese anwenden zu können, muß man gewisse Annahmen machen. Wie man nun zu solchen Voraussetzungen kommt, die der Lehre von unserem Raume und somit der theoretischen Physik zugrunde liegen, welches Vertrauen man in diesen Unterbau setzen und demnach den darauf errichteten Strukturen höchstens entgegenbringen darf, ob es sich z. B. um Hypothesen handelt oder um Behauptungen, die bewiesen werden können und müssen, das sind Fragen der Erkenntnistheorie, die, als „Raumproblem" zusammengefaßt, uns beschäftigen sollen.

Dieses Problem hat gewiß eine große Bedeutung, und, abgesehen von Einzelheiten der mathematischen Bearbeitung, muß es wohl jeden nachdenklich veranlagten Menschen interessieren. Wir finden uns in ein unfaßbar Großes hineingestellt, den grenzenlosen Sternenraum mit seiner vielleicht unermeßlichen Zahl leuchtender Himmelskörper. Wir vernehmen mit Staunen und leisem Grauen vom Aufflammen und Verglühen neuer Sterne in Regionen des Raumes, die so weit entfernt sind, daß, wie es heißt, das Licht viele Jahre braucht, um zu uns zu gelangen. Man sagt uns aber, daß diese Körper aus denselben Stoffen bestehen, die wir auf unserer Erde finden, und daß auch in jenen fernen Regionen noch dieselben Gesetze gelten, die Menschen aus einem viel engeren Kreise von Erfahrungen abgeleitet haben. Was ist dieser rätselhafte Raum, woher stammt uns seine Kenntnis, wie sollen wir ihn, wie sollen wir das Ungeheure erfassen mit unserem schwachen Intellekt?

So hat, seit über das Alltägliche Menschen sich zu wundern begannen, dieses Problem die Aufmerksamkeit denkender Geister auf sich gezogen. Es hat von Alters her den Gegenstand von Kontroversen gebildet. Eine lebhaftere Wendung hat sodann diese Frage in der zweiten Hälfte des vorigen Jahrhunderts genommen, als die Nicht-Euklidische Geometrie bekannt wurde. Es ist darüber ein grimmer männermordender Streit entstanden, in dem gewisse Philosophen, besonders solche aus der Schule Kants, Vertretern der exakten Wissenschaften gegenüberstehen. In der wohl letzten Phase dieses Kampfes befinden wir uns heute.

Daß in solchem Ringen verschieden veranlagter Geister die Siegesgöttin nicht jenen Philosophen zulächelt, kann dem kaum zweifelhaft sein, der sich auf die Zeichen der Zeit versteht. Ihre Partei ist stark zusammengeschmolzen. Das ganz grobe Geschütz, die Behauptung von der Widersinnigkeit aller sogenannten Metageometrie, hat man in die Rumpelkammer verweisen müssen [1]). Dafür hat man aus dieser seltsame verrostete Waffen hervorgeholt, mit denen der nun schon aufgebotene Landsturm einherzieht.

Aber nun ist etwas Merkwürdiges geschehen. Im empiristischen Lager selbst ist ein Zwist ausgebrochen, und ein kleines Häuflein geht mit fliegendem Banner zum Feinde über, dessen Sache schon so gut wie verloren war. Die Ansichten, zu denen sich Gauß, Riemann und Helmholtz bekannt haben, und die nach der Meinung der meisten Sachverständigen in allen Hauptpunkten die zurzeit allein annehmbare, vielleicht auch definitive Lösung unseres erkenntnistheoretischen Problems enthalten, werden von H. Poincaré nicht gutgeheißen und sogar recht abfällig beurteilt. Das Ergebnis, bei dem dieser Kritiker anlangt, ist aber, wenigstens äußerlich betrachtet, genau dasselbe, zu dem, freilich auf sehr verschiedenem Wege, auch die vorhin genannten Philosophen kommen: „Unserem Raume muß die Struktur des Euklidischen Systems zugeschrieben werden." Man wird den Freudenschrei verstehen, der aus dem feindlichen Feldlager herübertönt. Aber vielleicht hat man sich dort zu früh gefreut.

Wie man sieht, gehört der Verfasser nicht zu den Eklektikern und Propheten der goldenen Mittelstraße — A. hat recht, und B., der das Gegenteil sagt, hat im Grunde ebenfalls recht — wie könnten auch zwei so kluge Leute nicht recht haben? —, sondern er ist für einen frischen fröhlichen Krieg. Und einen kleinen Krieg gilt es auch noch nach anderer Seite hin zu führen.

---

[1]) Metageometrie ist ein unseres Wissens ausschließlich in der philosophischen Literatur vorkommendes Wort für das, was die Mathematiker Nicht-Euklidische Geometrie nennen.

Während die soeben genannten Forscher, die sämtlich zu den Koryphäen der exakten Wissenschaften zählen, alle erkenntnistheoretische Interessen betätigt haben, während besonders Helmholtz immer wieder auf die Grundfragen der Erkenntnistheorie zurückkam, scheinen diese Probleme einem Teil der modernen Mathematiker, insbesondere vielen von Denen, die über Geometrie schreiben, herzlich gleichgültig geworden zu sein. Wohl bedient man sich noch erkenntnistheoretischer Ausgangspunkte und Argumente, aber man scheint damit nur das einzige Interesse zu verfolgen, mathematische Probleme, die im Grunde um ihrer selbst willen behandelt werden, in ein möglichst vorteilhaftes Licht zu rücken. Man hätte wohl besser getan, sich diese Mühe zu sparen, denn die erkenntnistheoretischen Ansichten, die bei solcher Gelegenheit zum Vorschein kommen, sind wenig geklärt, und Widersprüche, die zwischen ihnen bestehen, hat man nicht einmal bemerkt. Ein Autor geht von der Erfahrung aus und will aus ihr „rein deduktiv" ein mathematisches System ableiten; ein zweiter glaubt sich mit dem ersten in Übereinstimmung, wenn er eine nicht weiter beschriebene, ihrem Inhalt nach undeutliche „Raumanschauung" zum Ausgangspunkt nimmt; ein dritter will eben diese Anschauung, wie er sich kurz, aber nicht verständlich ausdrückt, einer „logischen Analyse" unterziehen, analysiert jedoch in Wirklichkeit etwas anderes; ein vierter, und zwar — gleich den vorigen — sehr namhafter Autor produziert endlich gar eine „empirisch gegebene Raumanschauung". Er scheint zu glauben, daß Jeder sich dabei etwas Vernünftiges denken kann und wohl sogar denken muß. Kurz, man befindet sich in einem paradiesischen Zustand erkenntnistheoretischer Unschuld. Und das ist nicht ganz gleichgültig, denn diese naiven Ansichten verwandeln sich im Handumdrehen in Werturteile von ziemlicher Tragweite. Man macht autoritative Vorschriften darüber, wie Geometrie begründet und betrieben werden soll, und stemmt sich damit, durchaus nicht ohne Erfolg, der Entwickelung entgegen, die diese wichtige mathematische Disziplin im letzten Jahrhundert genommen hat. Man sucht ihr durch Beiseiteschieben anders gearteter Tendenzen den Stempel des eigenen, vorzugsweise auf das Logische gerichteten Geistes aufzudrücken. Mit einem Worte, man ist dogmatisch und engherzig geworden. Es ist aber gegenüber solcher Einseitigkeit darauf hinzuweisen, daß

in der Geometrie wie in anderen mathematischen Disziplinen die
fruchtbaren Gedanken keineswegs einer gewiß unentbehrlichen
scharfen Dialektik, sondern der frei schaffenden Phantasie entstammen. Ferner wird zu beachten sein, daß es auch noch andere
als logische Schwierigkeiten gibt (in deren Überwindung allen
und jeden Fortschritt zu suchen der moderne Mathematiker nur
gar zu geneigt ist). Will der Mathematiker sich mit Erkenntnistheorie beschäftigen, was er meistens gar nicht nötig hat, so wird
er gut tun, dem Umstand Beachtung zu schenken, daß Denker
wie Kant, Helmholtz und E. Mach zu weit auseinandergehen-
den Anschauungen gekommen sind. Es müssen also da wohl
Schwierigkeiten vorhanden sein, und schwerlich werden sie allein
oder hauptsächlich im Gebiete der Logik gesucht werden dürfen.
Diese ist unfähig, Gründe gegeneinander abzuwägen, die samt
und sonders nicht zwingend sind, und gerade in solchen Fällen
ist bekanntlich subtiler Scharfsinn der schlechteste Berater.

Die heute wie früher ablehnende Haltung vieler Naturforscher
gegenüber aller Philosophie der Fachphilosophen können wir
auch nicht für berechtigt ansehen. Zwar halten wir für sehr
wohl begründet die Vorwürfe, die gegen eine rein-spekulative Richtung erhoben werden, es gibt aber doch auch Anderes. Manches
hat zur Klärung gedient, und schließlich unterliegt die Naturphilosophie gewisser moderner Naturforscher ebenfalls schweren
Bedenken. Und was würden wir nicht noch erleben, wenn nicht
das in den Naturwissenschaften überwiegende Spezialistentum
wenigstens die gute Seite hätte, so Manchen von erkenntnistheoretischer Produktion fernzuhalten?

Im folgenden Abschnitt I wird man einen Versuch finden,
kurz und zugleich in gemeinverständlicher Sprache die Weltanschauung theoretisch zu begründen, die in der Betätigung nicht
nur der meisten Naturforscher, sondern auch vieler Vertreter der
Geisteswissenschaften zu praktischem Ausdruck kommt. Es ist
die realistische Weltansicht. Wir suchen sie zu verteidigen,
nicht nur gegen Angriffe gewisser Philosophen, die ihr Wissenschaftlichkeit absprechen wollen, sondern auch gegen eine vielleicht noch gefährlichere Opposition, die aus dem naturwissenschaftlichen Lager selbst hervorgegangen ist. Ob das gelungen
sein wird auf einem Gebiete, in dem — wie man gesagt hat —
es schwierig ist, auch nur sich selbst zu verstehen, werden Andere

zu beurteilen haben. Der Versuch als solcher aber kann bei
der gegenwärtigen Sachlage kaum als überflüssig betrachtet werden,
obgleich Schriften vorhanden sind, die auf andere Art Ähnliches
zu erreichen suchen[1]). Jedenfalls darf eine solche Erörterung hier
nicht wohl fehlen, da Berechtigung oder Wert der zu bildenden
Hypothesen bestritten werden kann, wenn man — wie es geschieht — die Hypothesen überhaupt angreift oder sie grundsätzlich
niedrig bewertet.

---

[1]) Literaturangaben folgen weiterhin. Außerdem, und vor Allem,
sei hier noch auf die Populären Schriften von Fr. Boltzmann verwiesen (Leipzig 1905), unter denen hier besonders die
Artikel 5, 8, 10, 12 in Betracht kommen. Zu seinem lebhaften Be-
dauern hat der Verfasser diese temperamentvollen und anregenden
Aufsätze erst konsultiert, als der Druck des vorliegenden Buches schon
ziemlich weit fortgeschritten war und Berufsgeschäfte einer genügenden
Würdigung des Inhalts jener Schriften im Wege standen.

I.

Das realistische Weltbild.

Unwürdig eines wissenschaftlich sein
wollenden Denkers ist es, wenn er den
hypothetischen Ursprung seiner Sätze
vergißt.   Helmholtz.

Vom realistischen Standpunkt aus, den ja wohl heute wie
früher die überwiegende Mehrzahl der Naturforscher einnimmt,
muß man dem Raume der Körperwelt eine vom erkennenden
Subjekt unabhängige Existenz zuschreiben. Wir reden von unserem
Raume, vom Raume, in dem wir leben, vom empirischen Raume,
ohne sagen zu können, was dieses Raum genannte Ding denn
eigentlich ist. Wir müssen es als gegeben betrachten, wie noch
so Manches, was wir ebensowohl vorfinden und ebensowenig definieren, d. h. rein logisch erklären können. Wir sagen, daß Körper
darinnen sind und daß Naturvorgänge sich darin abspielen,
räumen aber sogleich ein, daß das Alles auch hinweggedacht
werden kann. Daß nach dem als Denkmöglichkeit bestehenden
Verschwinden alles Rauminhalts noch etwas übrig bleiben würde,
nehmen wir an, und wir müssen es annehmen. Dieses Etwas
eben, im Bilde die „Form“, in der die Dinge sind, τὸ κενόν, „das
Leere“ der griechischen Atomisten, nennen wir in unserer Sprache
Raum. Wir gelangen also zu diesem Raume oder vielmehr zu
unserem Begriff von ihm durch Abstraktion. Wenn wir aber
dann seine Dimensionen anstaunen, so bilden wir — die Realisten —
uns nicht ein, daß der Menschengeist so Gewaltiges hätte schaffen
können. Wir beklagen vielmehr die Unzulänglichkeit einer Ein-
bildungskraft, die der Größe ihres Gegenstandes nicht gewachsen
ist. Denn wir halten diesen unseren Raum eben nicht für ein
bloßes Gedankending, sondern wir betrachten ihn als objektiv vorhanden, als real. Wir können ihn allerdings nicht sehen noch
fühlen noch vorstellen, sondern nur einiges Wenige von Dem, was
in ihm ist. Dennoch halten wir diesen Raum für real, für ebenso

real oder wirklich[1]), wie die Körper und Naturvorgänge selbst,
freilich ausgestattet mit einer Realität *sui generis*, mit einer Art
von (sogenannter transzendenter) Realität, die nicht nur völlig
verschieden ist von der Realität unserer Gedanken oder unseres
Fühlens und Wollens, sondern auch sehr verschieden von der ihr
näher verwandten Realität der Körper oder der Lichterregungen
z. B., die wir ebenfalls für real, wirklich, für nicht bloß in
unserer Einbildung vorhanden ansehen. Wir, nämlich wieder die
Realisten, haben auch Objektivität genug, um überzeugt zu sein,
daß dieser Raum nebst Allem, was darinnen ist, fröhlich weiter
existiert, wenn die Parze uns selbst den Lebensfaden abschneidet
und wir unsere klugen Gedanken darüber nicht mehr weiter-
spinnen können. Wir betrachten das als so gewiß, wie
nur etwas gewiß sein kann, was nicht Mathematik ist.
Trotzdem geben wir auf Verlangen freundlich zu, daß das im
Grunde alles Hypothesen sind; wie es z. B. auch eine Hypothese ist, daß unsere lieben Mitmenschen existieren, darunter
unsere verehrten Gegner, die Idealisten, Positivisten und Pragmatisten, mit denen wir uns noch auseinanderzusetzen haben werden.
Nur halten wir diese Hypothesen, gleich manchen anderen, für
wohlbegründet und sogar für schlechthin notwendig, dem Umstand zum Trotz, daß der sogenannte Solipsist sie bestreitet, und
mit ihnen Alles was daraus folgt, ausgenommen seine eigene seltsame Existenz.

Die Weltanschauung des Realismus, auf die wir Bezug
genommen haben, ist also eine Hypothese oder ein Inbegriff
von Hypothesen, es läßt sich nicht leugnen. Ob ihr aber damit das

---

[1]) Helmholtz nannte wirklich, was hinter dem Wechsel der
Erscheinungen stehend auf uns „einwirkt". Diese Wirklichkeit ist also
hypothetisch und transzendent, ohne daß doch alles Transzendente auch
„wirklich" sein müßte. Dagegen erklärt Külpe als Wirklichkeit das
im Bewußtsein Gegebene — Empfindungen, Gefühle, Vorstellungen,
Gedanken. Hier steht das „Wirkliche" im Gegensatz zum Transzendenten.
Nach beiden Definitionen würde der Raum, in dem wir sind, wohl real,
nicht aber „wirklich" genannt werden dürfen. — Der vorherrschende
Sprachgebrauch behandelt die Worte Wirklichkeit, Realität,
Existenz als Synonyma. So geschieht es auch hier. Ich versuche
nicht, diesen Begriff zu erklären, sondern nur ihn aufzuklären,
nämlich seinen Inhalt durch Verweisung auf Jedem geläufige Gegenstände deutlich zu machen.

Urteil gesprochen sein wird, hängt davon ab, wie man überhaupt zu den Hypothesen steht. Außerdem wird sich die Bemerkung schwer abweisen lassen, daß entgegenstehende Ansichten ebenfalls, und zwar notwendigerweise, den Charakter von Hypothesen haben, sofern sie es nicht vorziehen, geradezu im Gewand von „Forderungen" oder „Prinzipen", mithin als Dogmen aufzutreten. So sehen wir uns veranlaßt, in eine Untersuchung über Wesen und Bedeutung wissenschaftlicher Hypothesen einzutreten [1]).

Die realistische Hypothese, mit der wir uns zunächst beschäftigen wollen, die Annahme der Existenz einer vom erkennenden Subjekt unabhängigen Außenwelt, gehört wohl sogar zu denen, die auf ewig verdammt sind, Hypothesen zu bleiben. Trotzdem wird sie, bewußt oder unbewußt, von allen zur Anwendung gebracht, sogar — und das ist besonders bemerkenswert — von ihren entschiedensten Gegnern. Sie bestimmt nämlich das Tun der Menschen nicht nur, sondern auch der höheren Tiere. Im Leben sind wir Alle Realisten, wie wir uns auch stellen mögen, und sind wir es einmal nicht, so werden wir dafür gestraft wie kleine Kinder. Die Welt selbst ist für uns die große Schule, in der wir, ohne Rücksicht auf die bewährten Grundsätze humaner Pädagogik, nämlich ohne jede Unterweisung, mit den einzigen Mitteln Erfahrung, Belohnung und Strafe, zu Realisten erzogen werden. Erfahrung belehrt den Hund, daß hinter dem Spiegel Nichts ist, durch Erfahrung lernt

---

[1]) Man hat auf verschiedene Arten versucht, Hypothesen zu klassifizieren. Eine solche Klassifikation ist aber für unseren Zweck nicht nötig. Der Verfasser kann auch die ihm bekannten Versuche derart nicht als ganz gelungen ansehen.

Vielleicht ist es zweckmäßig, schon hier der unter Vertretern der exakten Wissenschaften verbreiteten Meinung zu widersprechen, eine „gute" Hypothese (gut im Gegensatz zu „metaphysischen" Hypothesen, wie der Idee eines Weltanfangs, eines persönlichen Schöpfers, einer Fortdauer nach dem Tode) müsse sich in der Erfahrung bewähren können. Keine Erfahrung kann je bestätigen, daß die Pterodaktylier fliegende Tiere waren, und doch ist das eine der bestfundierten Hypothesen, die es gibt. Auch enthält der Satz: „Der Amphioxus ist der ehrwürdige Stammvater des Menschengeschlechts" zwar sicher eine sehr schlechte, aber, nach dem vorherrschenden Sprachgebrauch, doch nicht gerade metaphysische Hypothese. Wir werden überhaupt nicht von Metaphysik reden, da dieses Wort zufolge unerhörten Mißbrauchs einen so bedenklichen Beigeschmack bekommen hat.

das Hühnchen, was gut schmeckt, und durch Schaden lernt das Kind, das Feuer zu meiden. Wir sind aber meistens recht willige Schüler, und alle versuchen wir, wie es von uns verlangt wird, unsere Gedanken den Tatsachen anzupassen und unser Wollen in den Schranken des Möglichen zu halten. Wir bemühen uns, durch Erraten die Sprache der Erscheinungen zu verstehen, wie wir einst als Kinder den Sinn der gesprochenen Sprache erraten und schließlich verstanden haben. Wir müßten ja zugrunde gehen, täten wir es nicht. Und alle führen wir dieses Gleiche auf die gleiche Weise aus: Ein jeder sucht hinter der Erscheinung unabänderlich, in jedem einzelnen Falle, das Ding. Er bearbeitet die Erscheinung mit seinem Verstande, den er gerade dazu hat. Er sucht seine persönliche Zutat von ihr abzuziehen, und er wundert sich, wenn — im Falle des Traumes oder der Halluzination — es ihm ausnahmsweise einmal so vorkommt, als ob Nichts übrig bliebe. Ist ihm die Gabe der Rede verliehen, so redet er dann von Irrtum, Täuschung, Gaukelspiel der Sinne. Wo aber etwas übrig zu bleiben scheint, da denkt er sich ausnahmslos ein Ding hinzu. Ein Jeder erfindet sich so, nach Vermögen, gleich eine ganze Welt, eine Welt der Dinge, die er freihalten will von Träumen und Halluzinationen, von Trugbildern und Irrtum, die er weiterbestehen läßt, auch wenn er schläft und gar nichts von ihr bemerkt, von der er annimmt, daß sie vor ihm war und nach ihm sein wird. Er glaubt auch, daß diese Welt und diese Dinge und sogar noch andere Dinge, fremde Länder und nie gesehene Sterne z. B., wirklich da sind, wenn auch wohl nicht gerade so, wie er sie sich vielleicht ausgemalt haben wird. Ein Jeder sucht seine Dinge, deren manche ihm einigermaßen beständig zu sein scheinen, wiederzuerkennen, er sucht hinter verschiedenen Erscheinungen „dasselbe" Ding. Er sucht den geheimnisvollen Zusammenhang dieser seiner Dinge zu ergründen und seine Begriffe und Gedankenbilder von ihnen zu verbessern, er fügt zur großen Kardinalhypothese des Realismus noch unzählige kleinere Hypothesen, kluge und törichte, und er versucht auf diese merkwürdige Weise, das Primäre, Gegebene, die Erscheinung, als ein nur für ihn Primäres, „in Wirklichkeit" — wie er sich ausdrückt, oder wie es ihm scheint — Abgeleitetes zu begreifen. Er mag dabei gewaltig fehlgreifen, z. B. wenn er eine Lokomotive für ein beseeltes Ungeheuer oder eine Flug-

maschine für einen Vogel ansieht. Aber immer erkennt er diese
sich ihm unabweisbar aufdrängende Wirklichkeit, die Welt der
Dinge, als eine höhere Instanz an, und unablässig sucht er ihre
Entscheidungen zu verstehen, deren Gründe ihm niemals mit-
geteilt werden. So unternimmt er das Erstaunliche, ein Ver-
trautes, die Erscheinung, aus einem Fremden, Unbekannten abzuleiten. Zu diesem Zwecke bringt er sein Ich, als ein eigens
dazu erfundenes besonderes Ding, in Gegensatz zu anderen
Dingen, den Dingen außer ihm, und erst aus dem Zusammentreffen
des Ich mit den äußeren Dingen läßt er in seinen Gedanken die
Erscheinung hervorgehen. Unter den äußeren Dingen findet er,
unlösbar mit dem Ich verbunden und seinen Willensimpulsen
folgend, den eigenen Körper. Ferner findet er unter ihnen,
auf Grund eines gewöhnlich im Unbewußten verlaufenden, aber
doch das Tageslicht vertragenden Analogieschlusses, andere dem
eigenen Ich ähnliche Iche, und er läßt sie den für sie äußeren
Dingen, darunter seinem Ich, ebenso gegenüberstehen, wie er selbst
seinen äußeren Dingen und ihren Ichen gegenübersteht. Er
verfolgt sie zuweilen auf ihren Wegen im Raume und durch ihre
Wandlungen in der Zeit, er faßt Zuneigungen zu ihnen oder Ab-
neigungen gegen sie, und er findet, wieder durch Analogieschlüsse,
daß andere Iche in bezug auf sein Ich das Gleiche tun. Ja er
unternimmt es unter Umständen, die anderen Iche nach dem
eigenen Ich zu modeln, in der Familie durch Erziehung, im Staate
durch Schulen und Strafgesetzbücher. Vielleicht tötet er sie, vielleicht verspeist er sie, oder er sperrt sie unter Umständen ins
Gefängnis oder ins Irrenhaus, und auch auf diese etwas drastische
Weise erkennt er ihre Iche als seinem Ich fremde Existenzen an.
Und so sonderbar und befremdlich alles Das vielleicht einem
Geiste erscheinen würde, der als unbeteiligter Zuschauer in das
Innere eines einzelnen Menschen und nur in dieses blicken könnte,
so erstaunlich es auch uns wird, sobald wir uns auf uns selbst
besinnen, so vollzieht es dennoch ein Jeder, ohne irgend eine Aus-
nahme, ganz instinktiv, von klein auf, ohne Zaudern
und ohne viel Nachdenken. Keine Philosophie, nicht einmal
die eigene, wenn er eine hat, ist überzeugend genug, um ihn von
dieser Praxis abzubringen, keine noch so scharfsinnig erklügelte
Dialektik kann ihn in seinem Glauben an die Welt der Dinge
auch nur für einen einzigen Augenblick irre machen. So

braucht er sich auch nicht des sehr guten, eminent praktischen Grundes bewußt zu werden, der sich für solches Tun an-
geben läßt. Dieser ist, daß es durchaus nicht gelingen will, unmittelbar, ohne solche wenn auch noch so unvollkommene und
fluktuierende Hilfskonstruktionen der Phantasie und des Verstandes, aus den Erscheinungen, besonders auch aus denen der
anderen Iche, brauchbare Motive des Handelns, des Reagierens
auf die Erscheinungen abzuleiten. Es ist das Verschwinden und
die vielfach sogar annähernd periodische (tägliche) Wiederkehr
derselben oder ganz ähnlicher Erscheinungen und die sonst un-
verständliche Gesetzmäßigkeit und Unabhängigkeit
dieses Phänomens von unserem Willen, was uns hindert,
die Erscheinungen als reine Produkte unseres Geistes anzusehen.
Es ist die Möglichkeit, die wir dennoch haben, einen Teil
vom Inhalte der Erscheinungen willkürlich zu variieren,
was uns die Annahme des Ich genannten Sonderdings und die
Annahme des Nicht-Ich aufnötigt. Wir erkennen im Ich wie in
der Außenwelt zwei, wenn auch nur annähernd ruhende Pole
in der Erscheinungen Flucht. Die gleichzeitig sich aufdrängende
Unbedeutendheit des Ich im Weltganzen aber ist das, was
uns gebieterisch zwingt, der Außenwelt die größte Aufmerksamkeit zu schenken und unser Verhalten nach ihrer vermuteten Beschaffenheit einzurichten. Es ist, wie wenn die Welt der Dinge
als eine ungeheure Sphinx zu Gericht säße über uns, die wir
vergeblich ihr Rätsel zu lösen suchen. Das Unmögliche verlangt
sie nicht, wer aber gar zu schlecht rät, der wird in den Abgrund
gestürzt, der wird zerrissen oder zermalmt.

So lernen wir notgedrungen Alle, Hypothesen zu er-
finden. Ein Mehr oder Minder von Gewandtheit darin garantiert
uns, ceteris paribus, ein Mehr oder Minder des Erfolgs. Ein
möglichst hohes Maß von Erfahrung, Phantasie und Urteils-
kraft in der Hypothesenbildung und von Schnelligkeit und Wage-
mut im Ziehen der praktischen Konsequenzen verheißt uns Macht.
Und umgekehrt messen wir die Treue der Bilder, die wir von
jener Welt der Dinge oder von Teilen von ihr uns ausgemalt
haben, am Erfolg. Bleibt dieser aus, so suchen wir bescheiden
die Ursache in unserem Ungeschick, oder wir reden von einem
unglücklichen Zufall; gehören wir zur liebenswürdigen Klasse der
Weltverbesserer, so finden wir auch wohl die Dinge selbst un-

vernünftig eingerichtet. Niemals, niemals aber kommt ein un-
befangener, d. h. nicht durch dialektischen Sport aus dem Geleise
geratener Verstand auf die Idee, daß die Annahme seines Ich und
seiner Außenwelt falsch sein könnte, und gar Keinem fällt ein, daß
er bei grundsätzlich anderem Verhalten zu den Erscheinungen besser
gefahren wäre. Niemand, der seine fünf Sinne beisammen hat,
sieht die praktische Möglichkeit, ohne diese und unzählige andere
Hypothesen leben zu können. Sollte aber dennoch Jemand toll
genug sein, ein solches Gebaren an den Tag zu legen, so müßte
man ihn in sicheren Gewahrsam bringen, um ihn vor Schlimmerem
zu behüten.

Einigen von uns, die Träumer und also keine sonderlich
guten Schüler in der großen Wirklichkeitsschule sind, will es auch
so vorkommen, als ob die Schatten der Platonischen Höhle leise
zu reden begännen und freundlich und bescheiden sagten: „Wir
sind wirklich nur arme Schatten, und ihr, die ihr euch des Lebens
freut, werdet von unserem Neben- und Nacheinander Nichts verstehen, wenn ihr uns nicht als das deutet, was wir sind." Aber
das ist natürlich nur Einbildung, und kann keinen vernünftigen
Menschen im Geringsten beeinflussen.

So häufen wir also Alle Hypothesen auf Hypothesen. Auf
diese Weise verfährt der edle Mensch, der hilfreich und gut ist,
wie auch der Verbrecher. So verfährt der Animist, dem alles
beseelt ist, vom Botokuden bis zu Fechner und Schopenhauer
so der Materialist, für den es keine „Seele" gibt, so verfährt der
Mönch und die Tänzerin, der Dichter oder Künstler nicht minder
als der Banause. Und so verfährt auch das Tier; der Hund, der
schweifwedelnd seinem Herrn Hut und Stock bringt, bildet wohl
sogar psychologische Hypothesen. So verfahren wir gewöhnlich,
viele von uns auch immer, ohne daß die Hypothesenbildung als
besonderer Denkakt oder gar dessen dunkles Grundmotiv, der Trieb
zum Leben und der Wille zur Macht, uns ins Bewußtsein träte.
Ja, so geläufig ist uns dieser Prozeß, daß Viele von uns erstaunt
sind und es durchaus nicht glauben wollen, wenn man ihnen
sagt, daß sie von früh bis spät beschäftigt sind, Hypothesen zu
bilden oder Folgerungen aus ihnen zu ziehen und sie anzuwenden.
Wir reden dann von praktischem oder naivem Realismus.
Der theoretische oder wissenschaftliche Realismus aber

beruht auf der bewußten und planmäßigen, zugleich vor- und umsichtigeren Ausübung desselben bewährten Denkprozesses und in seiner Anwendung auf die Erkenntnis um der Erkenntnis willen. Man könnte auch von einer Philosophie des gesunden Menschenverstandes sprechen, wenn es ratsam wäre, sich auf etwas zu berufen, was so selten ist und dazu in so geringem Ansehen steht. Charakteristisch für diesen theoretischen Realismus ist also, daß eine grundsätzliche Verschiedenheit zwischen dem wissenschaftlichen Denken und dem des gemeinen Lebens nicht anerkannt und eine Verschiedenheit überhaupt nur in den Zielen und dem mehr oder minder systematischen Vorgehen gefunden wird.

Es bestehen hiernach zwischen dem wissenschaftlichen und dem naiven Realismus Unterschiede und Ähnlichkeiten.

Der wissenschaftliche Realist unterscheidet sich vom naiven vor allem darin, daß er an dessen Leichtgläubigkeit nicht teilnimmt. Er sucht sich Erfahrungen planmäßig zu verschaffen, und untersucht sorgfältig die Quellen, aus denen sie fließen. Er ist mißtrauisch gegen sich selbst wie gegen Andere, vertraut namentlich auch nicht dem Augenschein. Er hat sich durch Gründe überzeugen lassen, daß der Himmel kein Gewölbe und an sich nicht blau ist. Die Erfahrung von Generationen, die ihm durch Erziehung übermittelt worden ist, hat in ihm die Überzeugung vom Vorhandensein einer Gesetzlichkeit alles Geschehens hervorgerufen und befestigt, während der naive Realist an Derartiges nicht denkt. Der wissenschaftliche Realist hat auch gelernt, seinem Ich im Weltganzen einen bescheidenen Platz einzuräumen. Er ist ernsthaft darauf bedacht, sich nicht durch persönliches Glücksbedürfnis zu Selbsttäuschungen verleiten zu lassen, die ihm sein ohnehin unsicheres Bild der Wirklichkeit noch mehr fälschen würden. Überhaupt ist sein persönlicher Vorteil nicht das, was er sucht, und nicht einmal ein praktischer Nutzen für eine sogenannte Menschheit ist sein Ziel. Die Erkenntnis um ihrer selbst willen ist es, die ihn bewegt, und er weiß, daß die stolzesten Errungenschaften der modernen Technik oder Medizin ohne selbstlose Arbeit nicht möglich gewesen wären. Und auch darin unterscheidet sich der wissenschaftliche Realist vom naiven, daß er im Eintreffen des erwarteten

Erfolgs nicht ein untrügliches Zeichen für die Güte seiner Hypothesen erblickt [1]).

Der Vertreter der geschilderten Geistesrichtung gleicht aber dem naiven Realisten in anderer Hinsicht. Er hält auch in der Wissenschaft für erlaubt und sogar für notwendig, was im Leben notwendig und also auch erlaubt ist. Er meint, daß, wenn es im Leben nicht gelingt, der Erscheinung direkt zu Leibe zu gehen, Ordnung und Sinn in die Schattenwelt der Platonischen Höhle zu bringen, es der Wissenschaft ebensowenig möglich sein wird. An Irrtum und Täuschung wird es trotz aller Vorsicht auch hier nicht fehlen. Aber ein Verzicht auf die bewährte Methode würde das bei weitem größere Übel sein [2]).

Der wissenschaftliche Realist kann daher vor Allem im Weltverlauf kein „substratloses psychisches Geschehen" erblicken. Er muß ferner das Ideal einer „hypothesenreinen Wissenschaft" für ein komplettes Unding halten. Er meint da Hypothesen zu erkennen, und vielleicht sogar recht bedenkliche Hypothesen (sogenannte Energetik), wo andere — die sich Positivisten nennen — lediglich eine Beschreibung von Tatsachen zu liefern glauben (siehe Abschnitt II). Er steht den Hypothesen oft ablehnend gegenüber, niemals aber verwirft er sie, weil es Hypothesen sind. Das Ding hinter der Erscheinung, das sogenannte Ding an sich, ist ihm, dem theoretischen Realisten, kein „unfruchtbares Hirngespinst". Er hält sich gegenwärtig, was Dinge und Hypothesen dem Forscher jederzeit gewesen sind [3]). Noch weniger vermag

---

[1]) Hierin unterscheidet sich der wissenschaftliche Realist auch vom sogenannten Pragmatisten. Die philosophische Richtung des Pragmatismus hat den naiven Kinderglauben an den Erfolg zum System erhoben, und von einer Erkenntnis um ihrer selbst willen mag sie überhaupt nichts wissen. Siehe Abschnitt II.

[2]) Die mit dem theoretischen Realismus verbundenen Schwierigkeiten haben die Entstehung des weiterhin auch im Texte erwähnten Positivismus veranlaßt, der ein Versuch ist, solchen Schwierigkeiten aus dem Wege zu gehen. Siehe Abschnitt II.

[3]) Bei Ostwald, Vorlesungen über Naturphilosophie (Leipzig 1902) liest man auf Seite 215, „daß ohne diese Hypothesen wahrscheinlich von den Entdeckern mehr geleistet worden wäre". „Die Entdeckungen sind nicht durch die Hypothesen, sondern trotz derselben gelungen, denn Entdeckungen gelingen immer nur durch Arbeit und nicht durch Vermutungen." Es vermag also Herr Ostwald — ein Chemiker! — nicht zu sehen, was beinahe jedem Schüler ein-

der Realist, vielleicht zufolge minderwertiger Einrichtung seines Gehirns, im Ding an sich „ein *asylum ignorantiae*", „ein hölzernes Eisen", „einen widerspruchsvollen Schulbegriff" zu erblicken. Auf die listige Frage seines Kritikers, was für ein Ding dieses Ding denn eigentlich ist, vermag der Realist freilich keine Antwort zu geben. Aber er ist auch nicht auf den Mund gefallen, und antwortet mit Gegenfragen: Ob man denn „weiß", was Elektrizität ist, und ob man wohl auch dann mit ihr Maschinen treiben könnte, wenn sie widerspruchsvoll wäre oder aus sonst einem Grunde nicht „existierte"? Und ob das eine fruchtbare Philosophie sein kann, die mit spitzfindiger Dialektik das zu diskreditieren sucht, worauf seit den Tagen von Archimedes in Naturwissenschaften, Medizin und Technik jeder Fortschritt beruht?

Was also das Ding an sich „ist" oder was die Dinge „sind", meinethalben auch was existieren heißt [1]), bleibt im Dunkeln. *Vita, morte e miracoli* eines Heiligen zu kennen, ist nicht immer notwendig. Es darf im Dunkeln bleiben, weil es im Dunkeln bleiben muß. Weil die ganze Frage keinen Sinn hat. Weil die Dinge uns niemals mehr werden sein können, als was sie uns vielleicht einmal werden zeigen wollen. Der Realist wird es also dem Mystiker überlassen, Spekulationen über die *natura rerum* anzustellen und beispielsweise Menschliches, wie Willen und Gedächtnis, in alle Materie hineinzutragen. Sehr gut aber kann der Realist das sagen, worauf allein es ankommt; nämlich, was ihm seine Dinge sind, wozu er sie braucht. Sie sind unentbehrlich, weil es ohne sie keine Erkenntnis gibt. Wo ein Blitz ist, da wirken „elektrische Kräfte", und wo eine Magnetnadel ohne sonst erkennbare Ursache abgelenkt wird, da wirken vermutlich ebensolche Kräfte. Im Nord-

leuchtet, der einmal von der Entdeckung des Neptun etwas hat läuten hören: Daß fast alle fruchtbare Arbeit in den Naturwissenschaften durch Vermutungen veranlaßt worden ist. Es dürfte schwer sein, diesen Grad von dogmatischer Verblendung noch zu übertreffen.

[1]) Was bei tiefsinnigen Untersuchungen über das „Problem der Existenz" herauskommt, kann man in einem Buche des idealistischen Philosophen P. Natorp erkennen, mit dem wir uns noch weiter zu beschäftigen haben werden. (Die logischen Grundlagen der exakten Naturwissenschaften, Leipzig 1910.) Dort liest man auf Seite 335: „Ist es denn so gewiß, daß die Existenz existiert?" Noch dazu in gesperrtem Druck!

licht und in der galvanischen Batterie, in den Hertzschen Wellen
und in der photographischen Platte findet der Physiker Daseinsbekundungen desselben Dings oder von Quanten dieses Dings,
der Elektrizität.   Solche Erkenntnis des Gleichartigen in der
Mannigfaltigkeit der Erscheinungen ist ihm sein Gewinn, und er
braucht dazu nicht zu wissen, was Elektrizität „ist". Wüßte
man es, kännte man alle ihre Eigenschaften, so wäre sie nicht
mehr Gegenstand der Forschung.   Wie man Telephone und elektrische Ströme benutzt, um zwei Personen miteinander in Verbindung zu bringen, so braucht man Dinge und Hypothesen, um
in logischem Denken von einer Erscheinung zur anderen zu
kommen.   Nach dem Schema:

Person — Telephon — Leitung — Telephon — Person.
Erscheinung — Ding — Hypothese — Ding — Erscheinung.

Und Dinge wie Hypothesen erkennt der Realist als unver-
meidliche Brücken zwischen den Erscheinungen, unbeirrt
durch den Umstand, daß Andere solche Brücken für überflüssig
und das ganze Verfahren für verkehrt halten.   Denn ebenso
brauchen, trotz ihres Widerspruchs, Dinge und Hypothesen auch die Gegner des Realismus, deren Gegner-
schaft mithin an der wissenschaftlichen Praxis ganz
von selbst zu Schanden wird.   Wir können ja gar nicht aus
der Wissenschaft einen Denkprozeß ausschalten, den wir tagtäglich
anwenden müssen, um auch nur am Leben zu bleiben.   Alle
sogenannten Naturgesetze z. B. sind Hypothesen, die sich auf
Dinge, und sogar auf Abstraktionen von Dingen, bloße Gedankendinge, nie unmittelbar auf Erscheinungen beziehen; wie könnte
man ohne solche Gesetze auskommen?   Wie kann man dem
Physiker oder Chemiker zumuten wollen, sich auf ein Operieren
mit dem Handgreiflichen zu beschränken, wo doch sogar der
Umfang dieses Handgreiflichen von Tag zu Tag sich erweitert?
Theorien zu entwickeln, die wahrscheinlich nur bis morgen würden
leben können?   Nicht in der Hypothese also, schließt der
Realist, sondern nur in der unvorsichtig aufgestellten
und kritiklos geglaubten Hypothese, sowie in der nicht
zu Erkenntniszwecken, sondern zur Befriedigung von
Herzenswünschen gebildeten und Nichts erklärenden
Hypothese sitzt der Wurm des Verderbens.

Innerhalb des Realismus sind natürlich noch allerlei Denkweisen und Interessen möglich. Natur und Seelenleben, Tun und Torheit der Menschen, Religionen und philosophische Systeme können Objekte realistischer Betrachtung sein, und je nach dem Stoffe werden die Methoden verschieden ausfallen.

Alle Quellenforschung der Philologen und Historiker ist realistisch, und kann als Muster realistischer Forschungsweise überhaupt dienen, da die Erscheinungen hier noch nicht so unübersehbar verwickelt sind wie in Psychologie und Naturwissenschaften. Als Realist behandelt der (nicht tendenziöse) Historiker auch die schwierigere Aufgabe, aus dem festgestellten Tatbestand die handelnden Charaktere und die Kulturzustände vergangener Zeiten zu erraten und so Einsicht in die bewegenden Kräfte des menschlichen Treibens zu gewinnen. Er bemüht sich, nicht Anschauungen seiner Zeit in andere Zeitalter hineinzutragen. Ohne Hypothesen kann er dabei nicht auskommen, wie ja schon die Annahme der einstigen Existenz eines Alexander oder Cäsar eine Hypothese ist (Külpe).

Realistisch — was nicht dasselbe ist wie naturalistisch — ist auch jede gesunde Bildkunst und Dichtung; sie schildert und analysiert die uns umgebende Wirklichkeit, indem sie ein vereinfachtes Bild von ihr daneben stellt, wenn auch das nicht ihr einziger oder Hauptzweck ist: so wie Geschichtsforschung oder Naturwissenschaft eine andere Seite dieser selben Wirklichkeit auf andere Weise schildert, vereinfacht und analysiert. Wallensteins Lager und Don Quixote, der Zorn des Achilleus, aber auch die phantastischen Märchen von Tausend und einer Nacht, sie alle sind realistische Dichtungen, Shakespeare und Goethe, Thackeray und Carducci sind realistische Dichter gewesen, von einer gütigen Natur ausgestattet unter anderen reichen Gaben mit starkem Wirklichkeitssinn.

Nach den Grundsätzen des Realismus verfährt der Untersuchungsrichter, der einen Tatbestand oder die Motive eines Verbrechens zu ermitteln sucht, der Staatsanwalt, der einen Indizienbeweis führt, der Geschworene, der ihn annimmt oder ablehnt. Anderenfalls empört sich jedes gesunde Gefühl; „es geht nicht mit rechten Dingen zu", man spricht von Justizmord und dergleichen.

Auf allen Gebieten des Geisteslebens, die es nicht nur mit Gedanken oder Gefühlen, sondern mit der Er-

scheinungswelt zu tun haben, wird die realistische Denkweise wie etwas Selbstverständliches von Allen erwartet
und praktisch anerkannt. Ihre größten Triumphe aber hat
sie in den Naturwissenschaften gefeiert. Von Galilei rührt das
Wort her, daß tausend Gründe nicht imstande sind, eine einzige
Tatsache zu entkräften, und er hat seine Tatsachen gegen theo-
logische und philosophische Anmaßung zum Siege geführt.

Der realistische Naturforscher wird versuchen, von der
Formulierung seiner Erkenntnis alles Persönliche, Nationale, ja
spezifisch Menschliche nach Möglichkeit abzustreifen, er läßt
sich auf die begreiflicherweise nie recht gelingende Unternehmung
ein, die ihm wie allen Anderen tief im Blute sitzende anthropozentrische Weltansicht loszuwerden. Die Welt der Dinge selbst
ist es, die ihn interessiert, und er geht bei seiner Forschung auf
das Allgemeine, Gesetzmäßige aus, im Gegensatz zum Historiker
oder zum Dichter, der dem Individuellen, Einmaligen zu seinem
unzweifelhaften menschlichen Rechte verhelfen will. Die Wellenlängen im Spektrum sind dem Physiker bedeutungsvoller als z. B.
seine Rotempfindung. Die Empfindungen, die nicht alle Anderen
ebenso zu haben brauchen, sind ihm Etiketten der Dinge, nicht
umgekehrt. Er sucht das Subjekt auf das Weltganze, nicht das
Weltganze auf das Subjekt zu beziehen. Die Tatsache, oder was
er dafür hält, aber nie die nackte zusammenhangs- und folgen-
lose Tatsache (Hier ist Johann ohne Land vorübergegangen),
kann dem einen als Experimentator oder bloßem Beobachter im
Mittelpunkt des Interesses bleiben, es können aber auch Hypothese und Theorie einem Anderen, der z. B. Mathematik auf
Naturvorgänge anwendet, zur Hauptsache werden. Aber Respekt
vor den Tatsachen muß der Realist immer haben, wenn er
seinen Namen verdienen will. Keinem Dogma darf er Einfluß
auf seine Forschung einräumen, deren Wesen auf der erfahrungs-
mäßig begründeten Überzeugung vor der Gesetzlichkeit alles Geschehens beruht. Vor Allem darf er sich auch die Hypothese
nicht zum Dogma werden lassen, darf er nicht an Tatsachen
achtlos vorbeigehen, die zu seiner wie immer entstandenen Meinung
nicht passen wollen. Die schönste Theorie wird er ablehnen
müssen, wenn die Wirklichkeit sie ablehnt, mag er sich nun
durch Auffindung einer schöneren Theorie belohnt sehen oder
nicht. Und es ist bestimmt zu hoffen, daß der Realismus dessen

immer eingedenk bleiben wird, wie er es im Ganzen bisher gewesen ist. Es wird ihm dann nicht so gehen, wie jenen Systemen rationalistischer Philosophie, die wohl unseren Vätern noch zu imponieren vermochten und von denen doch schon heute nicht viel mehr übrig ist als ein wenig Schaum — wie von Seifenblasen, die der Wind gegen eine Mauer getrieben hat. Wenn er seines Wesens eingedenk bleibt, so wird der Realismus nie in die Lage kommen, gleich jenen Systemen zu tiefem und berechtigtem Verdruß der studierenden Jugend eine Schattenexistenz in historischen Büchern führen zu müssen. Der Realismus ist überhaupt kein „philosophisches System", ähnlich etwa denen von Hegel oder Schopenhauer, und nicht einmal ist er vergleichbar der Philosophie eines Kant. Eher könnte man ihn noch eine Methode nennen. Er ist ein Inbegriff von Hypothesen, die nicht durch „reine Vernunft", oder, wie man jetzt sagt, durch „reines Denken" ermittelt sind, sondern in Tatsachen ihre Wurzeln haben und allerdings festgehalten werden müssen, solange diese Tatsachen uns dieselbe Sprache reden und neue nicht hinzukommen. Der Realismus ist aber auch eine Anweisung, seine Hypothesen weiterzubilden und umzugestalten, und so sich selbst lebenskräftig und jung zu erhalten.

Es ergibt sich aus dem Gesagten, daß der Realismus so weit wie möglich von der Behauptung entfernt ist, daß er (außerhalb der reinen Logik) eine absolute Entscheidung über richtig oder falsch besitze, daß er ein Wahrheitskriterium für seine Hypothesen haben könne. Wahr im strengen Sinne würde ja nur ein umkehrbar-eindeutiges Bild der Wirklichkeit genannt werden dürfen. Der Realismus kann aber von einem Wahrheitsgehalt oder Wirklichkeitswert seiner Hypothesen und Theorien reden. Sie sind Zeichen, die wir der vorausgesetzten Welt der Dinge zuzuordnen suchen. „Es kann ein Zeichensystem mehr oder weniger vollständig und zweckmäßig sein; danach wird es leichter oder weniger leicht anzuwenden, genauer in der Bezeichnung oder ungenauer sein, wie wir dies an den verschiedenen Sprachen sehen" (Helmholtz).

Der Fortschritt vollzieht sich in der Weise, daß gewisse Hypothesen oder Bestandteile von solchen zum dauernden Besitz der Wissenschaft werden, oder daß die darauf aufgebauten Theorien immer größere Bereiche von Erfahrungstatsachen erklären.

2*

Wann aber eine Hypothese zum Dauerbestand der Wissenschaft wird gerechnet werden dürfen, dafür gibt es wieder kein untrügliches oder gar allgemeines Kriterium.

Im konkreten Fall kann indessen die Begründung einer Hypothese so zwingend sein, daß man sagen darf, sie könne gewiß nie mehr aus der Wissenschaft entfernt werden. Eine solche ist z. B. die Hypothese der geologischen Kontinuität und die mit ihr zusammenhängende Entwickelungshypothese. Wir dürfen wohl sagen, diese bewährten Annahmen seien richtig oder wahr, ohne fürchten zu müssen, daß die fernste Zukunft uns Lügen strafen werde. Nicht ebenso steht es, wie wir noch sehen werden, mit der Gravitationstheorie. Aber auch von ihr kann gesagt werden: Sie hat einen hohen, für alle Bedürfnisse der astronomischen Praxis ausreichenden Wahrheitsgehalt. Einen solchen hohen Wahrheitsgehalt muß ferner der Satz von der Erhaltung der Energie haben, wenn es auch noch nicht hat gelingen wollen und vielleicht auch nicht gelingen wird, ihm eine auf das Weltganze sich erstreckende einwandsfreie Fassung zu geben. Der Satz von der fortschreitenden Zerstreuung oder Entwertung der Energie gehört ebenfalls hierher. Um noch ein ganz anders geartetes Beispiel zu nennen, erwähnen wir Kékulés Theorie des sogenannten Benzolrings. Hier liegt eine Hypothese vor, die eine längere Reihe sehr spezieller und durch keine unmittelbare Erfahrung zu kontrollierender Annahmen einschließt. Es ist eine ganze Kette von Hypothesen. Dennoch hat sich diese Theorie in allen Einzelheiten, in so zahlreichen und weitgehenden Konsequenzen bewährt, daß es sich für die Zukunft kaum noch um etwas Anderes als um eine feinere und reichere Ausgestaltung handeln kann.

Gegen das Vorgetragene läßt sich ein Einwand erheben, den wir schließlich noch zur Sprache bringen müssen, da er die ganze Kraft unserer Argumente zu vernichten droht. Man kann nämlich eine Parallele herzustellen suchen zwischen der Annahme einer Außenwelt und der Annahme einer Willensfreiheit. Gründe ähnlich denen, die wir für die Annahme der Außenwelt geltend gemacht hatten, sprechen, so kann es scheinen, auch für die Annahme der Willensfreiheit; ist dem aber so, so haben wir eine Konsequenz, die gerade dem Realisten höchst bedenklich vorkommen muß.

Nicht minder starke Gründe als die, die uns die Annahme einer Außenwelt aufnötigen, zwingen uns sicher zur Annahme psychischer Vorgänge, die nicht ins Bewußtsein treten. Träume und Halluzinationen, das blitzartige Auftauchen mancher Gedanken, ja schon die Tatsache der Existenz eines Gedächtnisses machen auch diese Hypothese unvermeidlich. Dann aber erscheint die Annahme einer **Willensfreiheit** als überflüssig, als eine jener Hypothesen, die zum Verständnis des Tatsächlichen nichts beitragen und schon aus diesem Grunde bedenklich sind. Überdies wird sich der Realist von vornherein nicht leicht zu einer solchen Annahme entschließen, da die Gesetzlichkeit des ganzen Naturverlaufs auf anderen Gebieten zu gut begründet ist, als daß ·man sie nicht auch für psychische Vorgänge voraussetzen sollte. **Gleichwohl, könnte man nun argumentieren wollen, ist diese Hypothese eine, die wir Alle machen, der wir uns durchaus nicht entziehen können**, in die z. B. Kriminalisten zurückzufallen pflegen, die theoretisch auf dem Boden des Determinismus stehen. Könnte aber dann die behauptete Selbstverständlichkeit der Annahme einer Außenwelt nicht ebensogut ein trügerischer Schein sein ?

Unsere Antwort hierauf ist, daß die beiden Fälle tatsächlich doch sehr verschieden liegen. Während praktische Verstöße gegen die Annahme einer Außenwelt schnell zur Vernichtung des irrenden Individuums führen müßten, ergibt sich hier aus der einen wie aus der anderen Theorie so ziemlich dieselbe richterliche Praxis[1]). Es hat für den Bestraften N. N. keine praktische Bedeutung, und für den Strafenden erst recht nicht, ob dieser als Indeterminist die Tat oder als Determinist den Charakter des N. N. treffen will. Im Übrigen aber läßt sich die Ansicht vertreten, daß der scheinbar indeterministische Satz: „N. N. hätte auch anders handeln können" in Wirklichkeit gar nicht die Existenz einer Willensfreiheit behauptet. Es handelt sich dabei in der Tat

---

[1]) Allerdings besteht ein Unterschied für den Gesetzgeber in der Art der Bestrafung. Die Motive dieser Festsetzungen sind aber von geringem Einfluß auf die Tätigkeit des Strafrichters. (Während der Indeterminist die Strafe als Selbstzweck und Sühne für die begangene Tat auffaßt, wird sie und ihre Androhung dem folgerechten Deterministen lediglich Mittel zu den Zwecken des Schutzes der Gesellschaft, der Vorbeugung und Erziehung.)

wohl nur um eine Sprachformel, gemeint ist etwas Anderes: „Wenn
N. N. ein vorschriftsmäßiger Staatsbürger usw. wäre, so würde
er anders gehandelt haben." Es wird also an Stelle des N. N.
eine fingierte Persönlichkeit, der gute Bürger oder der idealisierte
Richter oder sonstige Beurteiler substituiert, und mit der hypothetischen Handlung dieser gedachten Person wird die wirkliche
Handlung des konkreten N. N. verglichen. Der Satz enthält eine
Kritik der Persönlichkeit des N. N., nur formell ist die Möglichkeit einer anderen Deutung offen. Machen wir uns strafbar, so
werden wir also in Wirklichkeit gestraft nicht für das, was wir
tun, sondern für das, was wir sind. Bekanntlich ist dieses gerade die Ansicht vieler hervorragender Kriminalisten gewesen, und
es ist auch die Meinung der führenden Kriminalisten der Gegenwart. Wir werden bestraft dafür, daß wir nicht empfänglich
sind für die Motive der Strafandrohung (F. v. Liszt). In summa:
Zwischen der Leugnung einer Außenwelt und der Leugnung der
Willensbestimmtheit besteht nur eine oberflächliche Analogie, die
nicht zur Entkräftung der vorgetragenen Argumente verwertet
werden kann.

Als Außenstehender und Neuling in der philosophischen Literatur habe ich es sehr schwer gefunden, mit der vorhandenen Terminologie zurechtzukommen. Es scheint, daß ein langes, eigens darauf
gerichtetes Studium erforderlich ist, um auch nur mit den zahlreichen
(wohl an die hundert) einander dachziegelartig überdeckenden Ismen
der Philosophen eine hinreichend deutliche Vorstellung zu verbinden.
Irre ich nicht, so herrscht auch im Sprachgebrauch verschiedener
Philosophen und zuweilen vielleicht sogar eines und desselben Philosophen wenig Übereinstimmung. Findet Jemand, daß es mir nicht
gelungen ist, die Worte „richtig" zu gebrauchen, so bitte ich ihn,
sich die ihm lieberen Worte zu substituieren. Schwer kann das nicht
sein, denn zum Glück werden außer dem Realismus nur noch drei
weitere Ismen genauer zu betrachten sein, die im nächsten Abschnitt
— auf gewiß unvorbildliche Weise — erklärt werden sollen.

II.

Die Gegner des Realismus:
Idealisten, Positivisten und Pragmatisten.

Cet animal est très méchant:
Quand on l'attaque, il se défend.

In unserer bisherigen Darlegung haben wir schon Einwände
berührt, die dem Realismus entgegengehalten worden sind. Solche
Einwände können aus sehr verschiedenen Gesichtspunkten gemacht werden[1]). Alles Erdenkliche derart zu erörtern, dürfte
nun zwar weder möglich, noch, wenn es möglich wäre, hier an-
gängig sein. Einige der Gegner des Realismus nehmen aber im
wissenschaftlichen Leben der Gegenwart eine so bedeutende
Stellung ein, daß wir uns mit ihnen wohl nicht auf eine gar zu
summarische Art abfinden dürfen. Auch werden wir uns gerade
mit ihren Ansichten über den Raum zu befassen haben. Wir
haben also noch einen besonderen Grund, nach Vermögen die
erkenntnistheoretischen Wurzeln ihrer Lehrmeinungen bloßzulegen.
Namentlich können die Anschauungen der Kantianer über den
Raum nicht recht gewürdigt werden, wenn man nicht auch den
Boden betrachten will, in dem sie gewachsen sind.

---

[1]) Eine gründliche Untersuchung der positivistischen und idealistischen Argumente findet man bei O. Külpe, Die Realisierung,
Bd. I (Leipzig 1912), eine kürzere Darstellung der Hauptpunkte auch
in desselben Autors Einleitung in die Philosophie (6. Auflage,
Leipzig 1913, § 14 bis 17). Den Pragmatismus behandelt in ähnlichem
Sinne E. Dürr in seiner Erkenntnistheorie (Leipzig 1910). Wir
empfehlen diese beiden Werke Jedem, der sich über die hier behandelten Kontroversen noch weiter unterrichten will. Wegen des
Positivismus siehe auch die auf S. 28 angeführte Literatur (nament-
lich die sehr lesenswerte Schrift von Nelson) und die Populären
Schriften von L. Boltzmann.

Wir erklären zunächst *in abstracto* die sich in Wirklichkeit mannigfach durchkreuzenden Tendenzen, mit denen wir uns auseinandersetzen wollen.

Eine Theorie der Erkenntnis heiße:

idealistisch, wenn sie wesentlich spekulativ ist, die Erfahrung als minderwertige Erkenntnisquelle erachtet oder doch tatsächlich geringe Rücksicht auf sie nimmt (Betonung der Erkenntnisse *a priori*);

positivistisch, wenn sie im Gegenteil alle wertvolle Erkenntnis auf die Erfahrung zurückführt und alle die Grenzen der Erfahrung überschreitenden (transzendenten oder „metaphysischen") Spekulationen ablehnt (Beschränkung der Wissenschaft auf das „Positive", Forderung der Immanenz);

pragmatistisch, wenn sie die Möglichkeit einer objektiven Erkenntnis überhaupt leugnet und in der Wissenschaft ausschließlich eine den Zwecken des Lebens dienende Einrichtung sieht.

Daß von allen diesen Standpunkten aus der Realismus grundsätzlich abgelehnt werden muß, ist ersichtlich. Es bestehen aber wesentliche Unterschiede in der Art der Ablehnung. Vertreter der idealistischen Geistesrichtung, die schon auf eine längere Geschichte zurückblicken kann, betrachten häufig den Realismus als einen längst überwundenen Standpunkt. (Das Überwinden von Standpunkten ist ein beliebter philosophischer Sport.) Sie treten ihm dann vornehm, mit Milde und behaglicher Überlegenheit gegenüber. Mit der Leidenschaft des Renegaten bekämpft dagegen der Positivismus als abtrünniger Sohn seinen Erzeuger, den Realismus (und die idealistische Philosophie Kants, die man als seine Mutter hinstellen darf, nicht minder). Auch er ist nicht mehr ganz jung, aber doch eine noch völlig ungesättigte Existenz, eine Art von beutehungrigem philosophischem Raubtier. Für viel gefährlicher als die in üblichen Formen sich bewegende Taktik dieser beiden halten wir das Gebaren des Pragmatismus, der schon antike Vorläufer hat, in seiner heutigen Form aber ein Kind unserer Tage und zwar direkter Abkömmling des Positivismus ist. Dieser Pragmatismus ist eine völlig skrupellose Philosophie. Seine Grundsätze sind dermaßen lax und dehnbar, daß er sich den ganzen Inhalt jeder beliebigen Art von Philosophie (und Religion) zu eigen machen kann. Er tut es gegebenenfalls auch, setzt aber gleichzeitig ihren Erkenntniswert herunter. Er unterminiert Alles mit neuen und angeblich besseren Argumenten, um es nachher unversehens in die Luft zu sprengen. Nicht einmal die Mathematik darf sich vor diesem falschen Freunde sicher fühlen.

Zur Terminologie bemerken wir, daß uns die erklärten Worte nicht gerade die besten zu sein scheinen. Was wir Idealismus nennen, wird vielfach passender Rationalismus genannt. Aber dieses Wort hat immer einen tadelnden Beigeschmack, während viele Philosophen, namentlich die Kantscher Richtung, sich selbst als Idealisten bezeichnen [1]. Ebenso würden wir den Positivismus, dessen Prinzip aus der Phantasielosigkeit eine Tugend macht, lieber Negativismus nennen. Der Pragmatismus endlich sollte von rechtswegen Utilitarismus heißen. Wenn es auch seinen Vertretern unerwünscht sein mag, so ist er doch die Leib- und Magenphilosophie des banalen Nützlichkeitsmenschen, der nur den Geist schätzt, den er begreift und seinen Zwecken dienstbar machen kann. Hierauf, nicht auf etwaiger besonderer Güte seiner Gründe beruht die Gefährlichkeit, die wir ihm zugeschrieben haben. Er schmeichelt den Instinkten einer weitverbreiteten und einflußreichen Menschenklasse, die aller um ihrer selbst willen betriebenen Wissenschaft aus Herzensgrund feind ist.

Zunächst wollen wir nun solchen Vertretern des Positivismus und Idealismus das Wort geben, die sich besonders weit vorgewagt haben. Beide sprechen sie zu gleicher Zeit. Der Positivist würde daher den Idealisten selbst dann nicht verstehen, wenn dieser nicht in Zungen redete.

---

[1] Die Philosophie Kants, die einen vermittelnden Standpunkt zwischen dem sogar die Existenz einer Außenwelt leugnenden Idealismus Berkeleys (esse = percipi) und einer älteren Phase des Realismus einnimmt, wird vielfach deshalb als Kritizismus bezeichnet. Insofern sie Dinge hinter der Erscheinung annimmt, sie aber für unerkennbar erklärt, wird sie auch als Phänomenalismus charakterisiert. Beide Worte passen aber nicht mehr auf die Nachfolger Kants, mit denen wir es weiterhin zu tun haben. Wir gebrauchen diese Termini nicht.

Ein Positivist spricht:

„Göttlich ist die Erfahrung, aller Erkenntnis Alpha und Omega. Auf einer ihrer XII Gesetzestafeln steht: »Du sollst dir kein Bildnis noch Gleichnis machen und du sollst keine anderen Götter haben neben mir«. **Einzige Aufgabe** des Verstandes oder sogenannten Geistes ist Pflege und Anbetung des Götterleibes der Erfahrung. Leider aber ist der Geist ein unbotmäßiger Tempeldiener und muß oft in seine Schranken verwiesen werden. Entgegen seiner Dienstanweisung läßt er Personen ein, die im Tempel der Erfahrung nichts zu suchen haben, zum Beispiel Hypothesen. Ich mache darauf aufmerksam, daß ich mich bemüht habe, ein Buch zu schreiben, in welchem keine Hypothese aufgestellt oder benutzt worden ist. An Stelle der Hypothesen Anderer treten bei mir die Ökonomie des Denkens und die Energetik.“

Ein Idealist spricht:

„Geist ist Alles. Ἐν ἀρχῇ ἦν ὁ λόγος. In initio erat verbum. श्राठौ वागासीत् Es gibt nur Geist. Nur Geistiges ist wahr, und nur Wahrheit ist Ziel der Wissenschaft, wie in der Mathematik. Ἀεὶ ὁ θεὸς γεωμετρεῖ. Γεωμετρεῖν = ἀριθμητίζειν. Die einzige Realität ist folglich die Zahl. Geist = Denken = λόγος = Sein = Nichtsein = Wahrheit = Zahl. X = U. Dinge gibt es nicht, weil sie weder Zahl noch Geist sind, Hypothesen gibt es aber trotzdem, vermutlich weil sie sich auf Dinge beziehen, die es nicht gibt, und weil sie folglich Geist sind. Der Geist hat seinen Ursprung im Nichts, und gleich dem Seidenwurm spinnt er Alles aus sich selbst, also aus dem Nichts heraus. Daher hat der Geist eine unbegrenzte, aber wohlverdiente Bewunderung für sich selbst, die sich natürlich auch auf das Nichts erstreckt.“

Um jeden Anschein schnöder Parteilichkeit zu vermeiden, wollen wir auch noch den Realisten so reden lassen, wie seine Worte wohlmeinenden idealistisch-positivistischen Kritikern etwa klingen mögen. (Wir plaudern da Herzensgeheimnisse der Gegner aus, sehen uns aber dabei zum Glück nicht ausschließlich auf Vermutungen angewiesen.)

Ein Realist spricht:

„Es gibt Geist und es gibt Dinge, die nicht Geist sind. Vom Nichtgeist nährt sich der Geist, und diese Tätigkeit des Geistes heißt Hypothesenbildung. Dazu sperrt der Geist den Mund auf, bekommt Nichts hinein, schluckt es und ist, wenn auch nur vorübergehend, gesättigt. Nach jedem Schluck bricht der Geist in ein Triumphgeheul aus und führt einen Kriegstanz auf. Einige, die sich Materialisten nennen, sagen, der Geist sei nur eine be-

sondere Art von Nichtgeist. Ich habe mir das noch nicht genau
genug überlegt, zweifele aber nicht, daß es mir gelingen wird,
auch dieses Problem zu lösen. Jedenfalls ist der Geist eine Tatsache. **Geist = Hypothese = Tatsache.**"

Im letzten Monolog hoffen wir einen anerkennenswerten Grad
von Objektivität entwickelt zu haben. Die Porträtähnlichkeit der
zuvor eingeführten Persönlichkeiten kann jedoch zweifelhaft erscheinen und bedarf also wohl noch einer Erläuterung. Vorher
aber wollen wir noch Einen reden lassen, der die pragmatistischen
Lehren auf eine ihm genehme, allerdings etwas sonderbare Weise
auffaßt. Ob dieses Individuum ein Recht dazu hat, wird sich später
zeigen.

Ein Pragmatist spricht:

„Dein naiver Erkenntnistrieb, mein lieber, offenbar noch
sehr junger Freund, ist Erbstück einer total veralteten Weltanschauung. Die reine Zeitvergeudung! *Time is money.* Solche
Erkenntnis, wie Du sie Dir träumst, gibt es ja gar nicht, und
wenn es sie gäbe, wäre sie wertlos. Denn aller Dinge Maß ist
bekanntlich der Mensch[1]). **Alle Wissenschaft, die auf den
Namen Anspruch hat, dient den Zwecken des Lebens.**
Die Leser einer amerikanischen Zeitung, der zuliebe jeden Tag
ein Wald abgeholzt wird, die so groß ist, daß die Sonntagsnummer
ausgebreitet eine englische Quadratmeile bedeckt, die Millionen
Leser dieses Mammutblattes also haben durch beinahe ein-
stimmigen Beschluß festgestellt, daß das *making of money* nicht
nur, wie bekannt, die angenehmste und angesehenste, sondern
auch die einzige wirklich kulturfördernde Arbeit ist.
Doch brauchst Du darum nicht den Mut zu verlieren. Stelle
z. B. Deine schätzbaren, bisher nur spielerisch betätigten Kräfte
in den Dienst eines Trusts oder einer großen Eisenbahngesellschaft.
Stelle Dir vernünftige Probleme, solche, die der Zeitungs-
leser begreift[2]), und Du kannst immer noch ein kleiner **Edison**

---

[1]) Danach nennt sich der Pragmatismus auch Humanismus (!).
[2]) Diese Art der Problemkritik übte schon jener Philosoph, der
Archimedes tadelte, weil er sich mit so unnützen Dingen wie den
Eigenschaften der Ellipse beschäftigte. Das große Publikum ist seitdem nicht viel verständiger geworden.

werden [1]). Jedenfalls wirst Du aber dann zum Manne heranreifen,
und dann wirst Du mindestens stimmberechtigtes Mitglied der
großen internationalen Republik der *money makers* und *news-
paper readers*, und das ist auch schon etwas."

Zunächst nun geben die dem Positivisten in den Mund gelegten Worte Ansichten des bekannten (und als Fachmann ge-
schätzten) Chemikers Ostwald genau wieder, der sie in zahlreichen Schriften vertreten hat, zusammen mit vielen anderen
(auch entgegengesetzten), mit denen wir uns zum Glück nicht zu
beschäftigen brauchen. Aber Ähnliches findet sich noch vielfach
in der Literatur, zum Teil schon bei Hume, dann bei Comte,
auf den sich der gesamte Positivismus beruft. Ziemlich Dasselbe
sagt auch E. Mach, der zwar sehr viel ernster zu nehmen ist,
als Ostwald, aber kaum weniger absprechend auftritt (vgl. S. 42).
Mach formuliert den Gedanken noch schärfer, indem er an Stelle
der Erfahrung, der vom Verstande bearbeiteten Empfindung, diese
selbst treten läßt [2]). Von ihm rührt das „Prinzip der Ökonomie
des Denkens" oder vielmehr das Wort und die Wertschätzung
der Sache her, worauf wir noch zurückkommen werden. „Statt
die Erfahrung als einen nie zu überspringenden Ausgangspunkt
und als eine nie zu vernachlässigende Kontrolle aller realwissen-
schaftlichen Forschung zu schildern und anzuerkennen, wird sie
hier als einziger Gegenstand und als einziges Ziel der Unter-

---

[1]) Eine wahre Anekdote: Im Jahre 1893 stand in einer Gesellschaft zu Chicago ein deutscher Gelehrter in der Nähe eines Re-
porters, als ein neuer Gast die allgemeine Aufmerksamkeit auf sich
zog. Es entwickelte sich folgendes Gespräch: *„Who is it?"* — *That
is Helmholtz.* — *„Who is Helmholtz?"* — *The famous physicist (etc.).*
„O I understand, Edison in a small way."

[2]) Einige nennen diese Nuance des Positivismus Konszientialismus.
— Zum Positivismus überhaupt siehe außer dem schon zitierten Werke
Külpes noch des gleichen Autors kleines Buch: Die Philosophie
der Gegenwart in Deutschland (5. Aufl., 1911); ferner: L. Nelson,
Ist metaphysikfreie Naturwissenschaft möglich? (Abhandlungen der Friesschen Schule, II, S. 3, Göttingen 1908); E. Dürr,
Erkenntnistheorie (Leipzig 1910, S. 140—149, 158—162); E. Becher,
Philosophische Voraussetzungen der exakten Naturwissenschaften (Leipzig 1907, S. 29 u. f., vgl. auch S. 91 u. f.). — Übrigens
stimmt die Terminologie dieser Autoren mit der hier angewendeten
nicht immer überein.

suchung und Darstellung behandelt und damit auf einen ihr nie
gebührenden Thron gehoben" (Külpe).

Was wir sodann unseren Idealisten haben orakeln lassen, wird
beinahe noch übertroffen in einem Werke des Philosophen Hermann Cohen, der eine wahre Leidenschaft für Identifizierung der
heterogensten Begriffe entwickelt und dessen Philosophie sogar
großenteils eben darin besteht [1]). Allerdings muß der Verfasser ver-
muten, daß er diesen Autor gründlich mißverstanden hat, und das
ist schlimm, denn es scheint Verschiedene zu geben, die Cohens
Philosophie „verstehen". Damit der in solche Geheimnisse nicht
eingeweihte Leser sich ein eigenes Urteil darüber bilden kann,
was es mit diesem Verständnis der Verständnisvollen für eine
Bewandtnis hat, stellen wir am Schlusse des vorliegenden Abschnittes ein paar Proben zusammen.

Aber es würde natürlich ungerecht sein, wollten wir Positivismus und Idealismus nach ihren extremsten Vertretern beurteilen. Nur wird das, was wir als Fehlgriffe ansehen müssen,
bei solchen Autoren am leichtesten erkannt. Im Ganzen machen
Positivisten wie Idealisten dem Realismus viele Konzessionen —
wie sollten sie auch nicht — und umgekehrt hat der Realismus
von diesen seinen Widersachern gelernt, besonders von Kant,
dessen Philosophie zur Klärung der Grundbegriffe sehr Wesent-
liches beigetragen hat.

Man kann vielleicht sogar sagen, daß zwischen der Erkenntnistheorie Kants und dem Realismus ein unversöhnlicher Gegensatz überhaupt nicht besteht. Auch Kant nimmt ja transzendente
Realitäten ausdrücklich an, und wenn er sagt, daß wir in ihr
Wesen, in die innerste Natur der Dinge nicht eindringen können,
so wird das heute der Realist nicht mehr bestreiten, wenn es so
aufgefaßt wird, wie zuvor gesagt (S. 15). Freilich bedeutet
das dann eine Selbstverständlichkeit für jeden nicht dogmatischen
oder mystischen Geist. Sich mit der These eines vorsichtig ab-
gefaßten Realismus auseinanderzusetzen, der eine fortschreitende,
aber nicht abschließende Erkenntnis der Dinge annimmt, hat Kant
wahrscheinlich keine Gelegenheit gehabt.

Ferner wird der Realist wohl Kant zustimmen müssen, wenn
er Erkenntnisse „a priori" und solche „a posteriori" unterscheidet.

---

[1]) H. Cohen, Die Logik der reinen Erkenntnis (Berlin 1902).
Index dazu von Albert Görland (Berlin 1906).

Erkenntnisse der ersten Art, nämlich Denknotwendigkeiten, sind sicher alle Lehrsätze der reinen Mathematik. Wohl kommen wir auch zu ihnen nicht ohne Erfahrung, an Äpfeln oder Nüssen lernen wir zählen; haben wir aber mathematische Sätze erst einmal begriffen, so können wir uns nicht mehr über sie hinwegsetzen. Zu dem Begriff der Primzahl müßten bei hinreichender Geistesentwickelung auch nicht-menschliche Wesen kommen, und keines von ihnen könnte sich anders als durch Verweigerung des Nachdenkens der Einsicht entziehen, daß es unendlich viele Primzahlen gibt.

Auch einen weiteren sehr wesentlichen Punkt wird man Kant wohl zugeben müssen, daß nämlich in unserer Raum- und Zeitanschauung ebenfalls ein apriorisches Element steckt, von dem uns loszumachen wir nicht in unserer Gewalt haben. Wenn auch die Behauptung nur auf Selbstbeobachtung beruht, und daher, wer sie leugnen will (z. B. R. Mayer, Ostwald), nicht überführt werden kann, so ist doch wohl kein Zweifel, daß wir — als erwachsene, normale Menschen — unsere Anschauungen und Erinnerungsbilder räumlicher Dinge in gewisser Weise ordnen und ordnen müssen, daß sich unser räumliches Vorstellen in bestimmten Bahnen vollzieht und daß Ähnliches von der Vorstellung in den Zeitverlauf eingeordneter Ereignisse gilt[1]). (Auch liegt Grund zu der Annahme vor, daß es sich bei Tieren, zum mindesten bei höheren Tieren nicht anders verhält.)

Können wir dem berühmten Denker so weit folgen, so hört das auf, wenn Kant auf Grund dieser Tatsachen — als solche lassen wir sie gelten — Raum und Zeit selbst für subjektiv erklärt, in ihnen reine Erkenntnisformen erblicken will. Hier liegt ein Widerspruch vor. Nimmt man die objektive Existenz einer Welt von Dingen an, mögen sie nun erkennbar sein oder nicht, so müssen sie auch in objektiven Beziehungen zueinander stehen. Wie die Dinge sich zu den Erscheinungen verhalten, so müssen diese objektiven Beziehungen sich zu den subjektiven verhalten, die wir kennen, und unserer Raumvorstellung muß eben-

---

[1]) Der Widerspruch hiergegen beruht wohl meist auf der Verwechselung von apriorisch und angeboren, die Kant vorausgesehen hat und gegen die er sich energisch verwahrt hat. Seine Äußerungen darüber sind völlig klar.

falls etwas Objektives gegenüberstehen, die wenn auch vielleicht unerkennbare Form, in der die Dinge sind.

Wohl streckt der Erkenntnistrieb seine Fühlhörner aus, um das All zu betasten, aber auch, um beschämt zu bekennen, wie wenig er damit erreichen kann. Nach Kant aber soll das All, wenn auch nur der Form nach, schon im Subjekt vorgebildet sein. Im „Gemüte" soll diese Form bereit liegen, in der Alles, was hier oder dort war und ist, sobald es nur bekannt wird, seinen a priori **völlig** bestimmten Platz bekommt, da es ja nur durch Einordnung in das vorhandene Schema überhaupt aufgenommen werden kann. Und dieses Schema soll überdies, wie ohne weitere Motivierung angenommen wird, für alle Menschen (warum dann nicht auch für andere in derselben Welt lebende denkende Wesen?) dasselbe sein[1]), es soll eine immer gleiche (mathematische) Struktur haben. Zum Beweise wird eine Alternative untersucht, der zufolge „Raum und Zeit" entweder „empirische Begriffe" oder „reine Anschauungen", Formen des Erkenntnisvermögens sein sollen. Aber es hätte zunächst festgestellt werden müssen, ob eine solche Disjunktion überhaupt besteht und ob nicht vielmehr die Worte Raum und Zeit (wie Kant sie braucht) bald Dieses, bald Jenes bedeuten. In der Tat liegt Kants „Raumargumenten" dieses *Qui pro quo* von Empirismus und Psychologie, die Gleichsetzung Raum = Vorstellung vom Raume zugrunde. (Tisch = Vorstellung vom Tische!) Es ist nichts damit anzufangen[2]).

Daß das Schema der Raum- und Zeitvorstellungen auch ausgewachsener Menschen am Ende gar nicht so wohlkonstruiert,

---

[1]) Ein Beweisversuch bei Sigwart (Logik II, S. 367, 1911) enthält eine offenbare *petitio principii*.

[2]) Siehe die eingehende Kritik bei O. Külpe: Immanuel Kant (Leipzig 1912), Artikel 5 und 7.

Die Unklarheiten von Kants Raum- und Zeittheorie haben umfangreiche Diskussionen unter den Kantianern selbst veranlaßt. Einen Bericht darüber mit schier unzähligen Literaturangaben findet man im zweiten Bande von Vaihingers Kommentar zu Kants Kritik der reinen Vernunft (Stuttgart 1912). Danach scheint in allen diesen Schriften lediglich leeres Stroh gedroschen worden zu sein. Weder Vaihinger selbst noch irgend einer der von ihm gewürdigten Autoren hat die Wurzel des Übels erkannt.

sondern, den Sinnesorganen vergleichbar, mit Unvollkommenheiten
behaftet ist, deren Wirkungen (mit nicht durchgängigem Erfolg)
der Verstand zu eliminieren sucht, ist ein Gedanke, auf den Kant.
gar nicht gekommen zu sein scheint [1]).

Vielleicht haben es die mit dem Begriff des Unendlichen
verbundenen Schwierigkeiten Kant unmöglich gemacht, den Gedanken eines objektiven, uns also nur durch Erfahrung zugäng-
lichen Raumes ernsthaft ins Auge zu fassen. Es beziehen sich
darauf, neben dem letzten Raumargument, die „Antinomien der
reinen Vernunft", und außerdem kommt noch die Äußerung vor,
daß Raum und Zeit, wie „die Partei der mathematischen Naturforscher" (gemeint sind Newton und Clarke) sie annimmt, also
der empirische Raum und die empirische Zeit, „zwei ewige und
unendliche für sich bestehende Undinge" seien. (Vgl. auch
S. 53, Vaihinger.)

Die Antinomien können wir auf sich beruhen lassen, da sie
allgemein als Sophismen anerkannt werden, die Ansicht Berkeleys aber, auf die in den letzten Worten angespielt wird, hat
auch heute noch ihre Vertreter. Der Grundgedanke ist, daß der
Begriff eines vollendeten Unendlich unfaßbar und darum wider-
sinnig sein soll. Ein Unding in gleichem Sinne wie der Raum
müßte dann aber auch schon der Inbegriff sämtlicher Punkte
einer Kreislinie sein, die ebenfalls eine vollendete unendliche
Menge bilden. Ein Unding wäre dann auch schon der übliche
Begriff der Kreislinie selbst, an dem kein Geometer Anstoß
nimmt und der sicher auch Kant als ganz unverfänglich erschienen ist. Vollends unbrauchbar aber ist diese Argumentation
im Rahmen einer Philosophie, die von vornherein die Existenz
unerkennbarer Dinge annimmt und also auch nicht ohne Weiteres
die Existenzmöglichkeit eines unerkennbaren vollendeten Unendlich leugnen kann. Der ganzen Argumentation liegt eine Idee
zugrunde, die Kant auch ausdrücklich formuliert hat und die
später für Kants Nachfolger besonders verhängnisvoll geworden

---

[1]) Unser Einwand wird auch nicht entkräftet, wenn man mit
Kant selbst dessen Theorie so auslegt, daß Raum und Zeit zugleich
subjektive und objektive „Gründe" haben (Werke, Ausgabe Harten-
stein, VI, S. 23). Die Gleichsetzung Raum = Raumvorstellung
bleibt.

ist: Der Gedanke, daß die Gegenstände sich nach der Erkenntnis richten müssen.

Es ist eine stark anthropomorphe und anthropozentrische Philosophie, diese Philosophie Kants. Sie zeigt damit Eigentümlichkeiten, die wir sowohl bei ihren Ausläufern als auch, in anderer Form, beim Positivismus und Pragmatismus in noch höherem Maße wiederfinden werden [1]).

Kann man der für Kant (und seine Schule) charakteristischen Überschätzung der Welt der reinen Denknotwendigkeiten im Verhältnis zu der so unendlich viel reicheren Welt der Erfahrungsinhalte [2]) noch eine relative Berechtigung zuerkennen, so beginnt mit der geschilderten Lehre einer sogenannten Idealität von Raum und Zeit eine Vergewaltigung der Tatsachen, der gegenüber nicht einmal die Psychologie zu ihrem Rechte kommen kann, wiewohl ihr diese Denkrichtung, wenn sie es auch nicht immer zugeben will, die Argumente entnimmt.

Wir begnügen uns hier mit dem Gesagten, um in einem besonderen Abschnitt (IV) genauer auf die Sache einzugehen.

Stark, ja ins Groteske übertrieben finden wir die bezeichneten Mängel der Kantschen Philosophie bei gewissen Nachfolgern Kants. Vom Hegelismus und Verwandtem wollen wir nicht

---

[1]) Gibt man zu, daß die Gegenstände sich „nach unserer Erkenntnis" zu richten haben, und gibt man außerdem die doch wohl evidente Verschiedenartigkeit der Subjekte zu, so kommt man notwendig zum sogenannten Subjektivismus, einer Form der Skepsis, die die Möglichkeit einer allgemein annehmbaren Erkenntnis mindestens in bezug auf die Beurteilung von Erfahrungstatsachen leugnet. Eben dahin führen, wie wir sehen werden, auch die Wege des Positivismus und des Pragmatismus. Alle drei Tendenzen, der Idealismus, der Positivismus und der Pragmatismus, so verschieden sie sonst sind, haben das Gemeinsame, daß sie sich, zwar keineswegs von vornherein, aber doch mit ihren letzten Konsequenzen, den Realwissenschaften feindlich gegenüberstellen.

[2]) Derselben Überschätzung bloßer Spekulation begegnen wir auch sonst noch bei Kant: „Nichts kann schädlicheres und eines Philosophen unwürdigeres gefunden werden, als die pöbelhafte Berufung auf vorgeblich widerstreitende Erfahrung, die doch gar nicht existieren würde, wenn jene Anstalten (Staatsverfassung und Gesetze) zu rechter Zeit nach den Ideen getroffen würden, und an deren Statt nicht rohe Begriffe, eben darum, weil sie aus Erfahrung geschöpft worden, alle gute Absicht vereitelt hätten." (Kritik der reinen Vernunft, I. Aufl., S. 316, II. Aufl., S. 373.)

reden, sondern nur von dem, was jetzt noch blüht und bei Manchen in Ansehen steht. War das „Ding an sich" bei Kant zufolge der allzu starken Betonung des Apriorismus in embryonalem Zustande geblieben, eine Art von Fehlgeburt, so verschwindet es nunmehr völlig. Es ist in der Tat auch kein Platz dafür vorhanden, wenn man die angebliche Idealität von Raum und Zeit festhalten will. Atome z. B. können dann weiter nichts sein, als „Rechenmarken der Theorie" (Liebmann). Der Geist, „das Denken", verschlingt schließlich Alles. Die ganze Welt wird, wie schon bei Berkeley, in das denkende Subjekt hineinprojiziert[1]). So lesen wir vom Raume: „Von unserem sichtbaren Leibe bis zum Sternenhimmel, samt Allem, was darin ruht und sich bewegt, ist er nichts absolut Reales *extra mentem*, sondern ein Phänomen innerhalb unseres sinnlichen Bewußtseins" (Liebmann, S. 51). „Der empirische Anschauungsraum (!) mit der empirischen Sinnenwelt darin ist ein Erzeugnis unserer Intelligenz" (Liebmann, S. 52). Es ist ein „fundamentales Vorurteil, daß dem Denken seine Stoffe von der Empfindung gegeben werden ... Der ganze unteilbare Inhalt des Denkens muß Erzeugnis des Denkens sein" (Cohen, S. 49; vgl. auch S. 67 und 68). Der ganze Inhalt! Eine schwindelerregende Verallgemeinerung, die das diametrale Gegenteil dessen ist, was ein nicht durch vage Spekulationen verbildeter Verstand der elementarsten Beobachtung entnimmt.

Natürlich kann da vom Aufbau einer Erkenntnistheorie, deren Probleme zudem noch von Cohen und Anderen in einer sogenannten Logik verkrümelt werden, gar nicht die Rede sein. Eine folgerechte Durchführung derartiger Gedanken müßte ja zum Solipsismus führen, für den es nur ein einziges denkendes Subjekt gibt. Wir kennen doch ein absolutes Denken, ein Denken *in abstracto* („nicht-menschliches Denken", Cohen, S. 39) nur als Fiktion. Es hat so wenig Realität wie etwa das absolute Ich Fichtes oder der Wille Schopenhauers. Wirklich ist nur ein Denken von Individuen. Die Existenz eines allen normalen Individuen Gemeinsamen, der Logik, ändert daran gar nichts.

---

[1]) Die folgenden Zitate beziehen sich auf das S. 29 genannte Werk von H. Cohen und auf O. Liebmanns Analysis der Wirklichkeit (3. Aufl., Straßburg 1900).

Anderes ist verschieden, und wiederum Anderes, das nicht logischer Natur ist, trotzdem übereinstimmend vorhanden. Wieso soll das aus freier Hand sich selbst seine Inhalte setzende Denken verschiedener Denker dazu kommen, in annähernd gleicher Weise Denkinhalte wie Sonne, Mond und Sterne zu erzeugen? Aber es muß wohl wirklich eine besondere, den meisten Sterblichen unerreichbare Art des Denkens geben. Es ist das Denken des Ursprungs (Cohen, S. 33). Wir werden dieselbe (oder wenigstens vermutlich dieselbe) Art des Denkens später wiederfinden unter dem Namen eines Denkens der Existenz (Natorp). Der Idealismus geht hier in Mystik über, die ja auch sonst überall besondere Inspirationen oder Intuitionen ihrer Vertreter behauptet.

Unter solchen Umständen ist es nicht zu verwundern, daß mit Hilfe des allvermögenden Denkens auch Ergebnisse exakter Forschung gelegentlich einer nachträglichen apriorischen Abstempelung oder womöglich gar einer „erkenntniskritischen Klärung" (Natorp, S. 356 ff.) unterzogen werden. Dem Mathematiker insbesondere muß es schmerzlich sein, seine Wissenschaft in den Himmel erhoben und gleichzeitig mißhandelt zu sehen[1]). Was so hoch gepriesen wird, man hat es nicht genügend studiert. Zu sachgemäßem Studium der Mathematik, wie zum Eindringen in die Experimentalwissenschaften, gehört eben Geduld — zuviel davon für diese Philosophen. Darauflosphilosophieren ist entschieden leichter. Wollen Tatsachen sich nicht fügen, dann „desto schlimmer für die Tatsachen".

Ein gründlicher Kenner hat über diese Richtung geurteilt, und es scheint uns gewiß, daß er nicht Unrecht hat:

„Ein feierlicher Kultus der »Wissenschaft«, tiefsinnige Verkündigungen von einer selbständigen Geisteswelt, ..., ein Schwelgen in Gedanken an die Spontaneität und die konstruktive Kraft des »reinen« Denkens, ein gewaltiges Ringen mit selbstgeschaffenen Problemen[2]) und im Zusammenhang damit bedeutende Unklarheit

---

[1]) Siehe die Beispiele am Schluß des vorliegenden Abschnittes und Abschnitt IV. Über dieses Mitredenwollen Unberufener und über ihr hochmütiges Auftreten dem Fachmann gegenüber hat schon Helmholtz sich bitter beklagt. Siehe seinen Brief an R. Lipschitz vom 2. März 1881 (L. Königsberger, Hermann v. Helmholtz, Bd. II, S. 163).

[2]) Siehe das Beispiel in der Anmerkung auf S. 15.

— das sind die am meisten charakteristischen Züge dieser Philosophie." (E. Dürr.)

Richtet sich beim erkenntnistheoretischen „Idealismus" unsere Kritik vorzugsweise gegen Übertreibungen und namentlich gegen die Ausgestaltung, die er durch seine bekanntesten neueren Vertreter gefunden hat, so müssen wir uns beim Positivismus mehr mit dem zugrunde liegenden Prinzip selbst auseinandersetzen, das wir, wie gesagt, in der Errichtung einer Barrière für das Denken an den Grenzen der Erfahrung erblicken. Wir halten dieses „Prinzip" für eine vollkommene Utopie. Seine ganze Existenzmöglichkeit beruht darauf, daß es von seinen eigenen Bekennern auf jedem Schritt verleugnet wird. Noch nie ist überhaupt ein ernsthafter Versuch zur Durchführung gemacht worden.

Ganz besonders haben es z.B. die Positivisten auf die Atomtheorie und die zugehörigen Strukturhypothesen der Chemie, namentlich der Stereochemie, abgesehen. Sie scheinen zu glauben, daß gerade in diesem Falle die Kraft ihrer Argumente besonders einleuchtend hervortritt. Daß Atome nur erschlossen sind, daß man sie nicht wie Schnecken oder Kristalle einzeln auf den Tisch legen und untersuchen kann, genügt den Positivisten zur Leugnung ihrer Existenz. Man wundert sich, daß nicht auch die Existenz von Sonne, Mond und Sternen in Abrede gestellt wird.

Dem Positivisten sind die Atome, weil „transzendent", nichts als metaphysische Hirngespinste, zum mindesten überflüssig, wo nicht schädlich. Nun sind aber diese Hypothesen das Alpha und Omega in der organischen Chemie. Hier müßte also wirklich einmal, und zwar ausführlich, dargelegt werden, warum nicht durch die greulichen Hypothesen, sondern ihnen zum Trotz die unbestreitbaren großen Erfolge der organischen Chemie gekommen sind. Daß unter denen, die eine solche Lehrmeinung aufstellen oder billigen, sich ein namhafter Chemiker befindet, entbindet weder die Anderen noch ihn selbst von der Verpflichtung zur Begründung einer offenbar sehr gewagten Behauptung. *Hic Rhodus, hic salta!*

In anderen Fällen verhalten sich Vertreter des Positivismus sehr verschieden. Es ist klar, daß es für einen konsequenten Positivismus keine Geologie, keine Paläontologie, keine Geschichtswissenschaft, keine unbewußt bleibenden psychischen Vorgänge geben dürfte. Die Annahme, daß die Steinkohlen die Reste einst lebender Pflanzen sind, ist transzendent, durch keine Erfahrung zu kontrollieren: Für das Gewesene darf der Positivist Nichts geben, und jeder Analogieschluß überschreitet die Grenzen der Erfahrung. Der dunkle Begleiter eines veränderlichen Sternes ist ein Hirngespinst, so lange, bis etwa die photographische Platte gezeigt haben wird, daß er doch nicht ganz dunkel ist: Von diesem Augenblick an. darf er existieren, wie auch der Neptun ein Hirngespinst war, solange man ihn noch nicht gesehen hatte. Auch das Element Fluor schwebte in der Luft, solange man es nur in Verbindungen kannte, vom Helium, das gar auf der Sonne schwebte, ganz zu schweigen. Daß die Augen gewisser Tiefseetiere gleich anderen Augen zum Sehen dienen, daß die Pterodactylier fliegen konnten, sind „metaphysische" Hypothesen, die erste bis auf weiteres, die zweite für immer. Alles das sind ganz absurde Folgerungen, die denn auch nicht gezogen werden. Aber dann verfährt man unlogisch. Man spricht nicht von diesen Dingen, oder man stellt sich in der Praxis auf den Standpunkt des Realismus. Das tun z. B. Mach und Ostwald, wenn sie die Lehre vom Kampf ums Dasein annehmen, die wegen der beanspruchten Zeiträume keine experimentelle Kontrolle zuläßt, also eine abzulehnende „transzendente" Hypothese ist.

In zahlreichen Fällen werden so die beim offiziellen Empfang schnöde verleugneten Hypothesen (warum nicht auch die Atomistik?) unter anderen Namen und durch eine eigens dazu angebrachte Hinterpforte doch noch in das Heiligtum der Wissenschaft eingelassen. Solcher Namen und entsprechender Motivierungen gibt es nicht wenige. Ziemlich mühelos hat der Verfasser ihrer ein volles Dutzend zusammengebracht:

Vollständige und einfachste Beschreibung (Kirchhoff, dem Sinne nach auch schon R. Mayer); Formeln (sobald eine mathematische Zauberformel auftritt, ist die Hypothese gerettet), Anweisung zur Herstellung von Mannigfaltigkeiten (!) „Protothesen" (Ostwald); Subjektive Forschungsmittel, Forderung der Denkbarkeit der Tatsachen (!), Einschränkung der Möglichkeiten (!), Einschränkung der Erwartung, Ergebnisse der analytischen Untersuchung, Ökonomie des Denkens, biologischer Vorteil (diese alle bei E. Mach). Die Liste ließe sich gewiß noch fortsetzen.

Daß unter solchen Vorwänden schlechthin jede nicht geradezu verrückte Hypothese eingeschmuggelt werden kann, ist klar. Die Barrière für das Denken ist in Wirklichkeit nur ein Schlagbaum, der nach Gutdünken auf- und zugemacht wird. Wer ihn aber öfter aufmacht, als erlaubt ist, dem kann es geschehen, daß er mit Geisterbeschwörern und anderen Mystikern auf eine Linie gestellt wird [1]). Eine „Denkfreiheit", wie sie der Positivist für sich in Anspruch nimmt [2]), wird Anderen nicht gegönnt.

Was insbesondere die berühmte „vollständige und einfachste Beschreibung" der Naturvorgänge angeht, so ist klar, daß sie immer hypothetische Elemente enthält, auch wenn man von der Anwendung auf Künftiges ganz absieht. Besonders deutlich tritt das im Falle der sogenannten Naturgesetze hervor, die nur mit Hilfe von Interpolationen gewonnen werden können. Hier wird immer die Annahme eines möglichst einfachen Verlaufs der Naturvorgänge gemacht. Außerdem ist zu sagen, daß diese Beschreibung in mehrfacher Hinsicht nicht genügt. Ist z. B. das Gesetz der Lichtemission eines veränderlichen Sternes festgestellt, so ist nach diesem Grundsatz „die Aufgabe der Wissenschaft beendet" (R. Mayer), und es hat keinen Sinn, nach Ursachen der Erscheinung (dunklen Begleitern oder Anderem) zu fragen. Die Astronomie verfährt aber anders, und mit gutem Grunde. Hatte man die Abweichungen von den idealen Gasgesetzen durch empirische Formeln dargestellt (Regnault), so war wiederum „die Aufgabe der Wissenschaft beendet". Die Physik ist indessen auf Grund der atomistischen Hypothese zur Formel von van der Waals fortgeschritten. Erweist sich diese als nicht ganz ausreichend, so denkt man daran, sie zu verbessern; keinem Physiker aber fällt es ein, einer bloß empirischen Formel, also einer bloßen Beschreibung, mag sie auch noch so „vollständig" sein, den Vorzug zu geben. Es bedeutete das einfach den Verzicht auf Verständnis, die Austreibung alles Geistes aus der Wissenschaft.

Mit „guten Vorsätzen" ist, wie gesagt, des Positivisten Weg zum Realismus gepflastert. Die aufrichtigste, einer besseren Sache würdige Begeisterung für diese Schlagbaumphilosophie darf nicht darüber hinwegtäuschen, daß es durchweg

---

[1]) E. Mach, Erkenntnis und Irrtum, S. 86 u. f.
[2]) E. Mach, Scientia (Revista di Scienza) 8, 233, 1910.

bei Worten bleibt und bleiben muß. Eine Philosophie der Zukunft, die nie Gegenwartsphilosophie werden kann. *Grattez le positivisme et vous trouverez la phrase.* Der Positivist redet sich ein, daß Beine Krücken seien, behauptet, daß er allein unter allen Menschen ohne Krücken gehen könne [1]), und dann benutzt er die ihm von der Natur verliehenen Krücken oder bleibt einfach zu Hause. „Der eigentliche Zweck dieser Philosophie scheint zu sein, den Charakter der naturwissenschaftlichen Erkenntnis zu verschleiern" (Nelson). Der Phantasie bleibt nach dem positivistischen Grundsatz in der Wissenschaft gar nichts zu tun, sie darf nicht ein Götterkind sein, sondern müßte eigentlich als ein Irrlicht hingestellt werden, das uns in den Sumpf lockt. „Mach redet von phänomenologischen Gesetzen, in die sich einmal die ganze Physik werde auflösen lassen. Bisher hat er sie nicht gefunden, und es ist bei der ganzen Sachlage nicht zu erwarten, daß er sie jemals finden werde. Eine Sparsamkeit, die sich in solchen Eliminationen unentbehrlicher Gedankendinge betätigt, wäre der Bankrott der Wissenschaft" (Külpe). Die ganze Situation erinnert auffallend an den Vorschlag Kroneckers, die Irrationalzahlen abzuschaffen und die Mathematik auf Aussagen über ganze Zahlen zu reduzieren; auch in diesem Falle ist es bei dem Programm geblieben, und aus demselben guten Grunde. Es ist klar, daß Derartiges mit eben dem Ökonomieprinzip völlig unvereinbar ist, das nach Mach und Anderen sogar aller Wissenschaft Leitstern sein soll. Man kann nicht die Materie in einen Empfindungskomplex auflösen wollen, wo der empfindenden Subjekte so viele sind und wir nur sehr dürftige, genau genommen sogar überhaupt keine Kenntnis von dem haben, was ihren Empfindungen gemeinsam sein mag. Nicht die Dinge, sondern die beobachtenden Subjekte hat die Naturwissenschaft zu eliminieren. Daß überall, namentlich in der Darstellungsform, notwendigerweise ein subjektiver Rest bleibt, der nicht übersehen oder vergessen werden darf, ist nicht erst von den Positivisten, sondern z. B. auch schon von Helmholtz betont worden. Dieser Umstand hindert aber durchaus nicht, das Programm des Realismus durchzuführen, wie es die Geschichte aller Naturwissenschaften denn auch deutlich zeigt. Nach Comte sollte noch die Philosophie der Entwickelung der

---

[1]) Ostwald, Naturphilosophie, S. 215.

Einzelwissenschaften folgen, nicht ihnen die Wege dogmatisch
vorschreiben; in den Lehren der neueren Positivisten, wie Mach
und Ostwald, ist jedoch von diesem gesunden Gedanken keine
Spur mehr zu finden.

Wie nahe aber ein mit hinreichender Inkonsequenz gehand-
habter Positivismus dem sonst in den Naturwissenschaften Üblichen kommen kann, davon legt ein Werk von F. Enriques
beredtes Zeugnis ab [1]). Die tatsächliche Behandlung der Hypothesen und Theorien enthält dort einige individuelle Züge (namentlich einen übrigens nicht unbedenklichen Versuch, dem präzisen
mathematischen Begriff der Invariante eine viel weitere und vagere
Umgrenzung zu geben), sonst ist sie aber von einer realistischen
kaum zu unterscheiden. Daneben stehen indessen, wie bei Mach
und Ostwald, ganz friedlich Sätze gleich dem, „daß ein auf das
Positive gerichteter Geist in der atomistischen Hypothese nichts
Anderes als eine subjektive Vorstellung sehen kann". Ohne
Deklamation gegen die Atome geht es nun einmal nicht. Subjektiv, könnte man einwenden, sind manchmal Ansichten, die
Andere haben. Indessen gibt es eine viel „positivere" Antikritik.
Wir erinnern an die Brownsche Molekularbewegung und an das
Scintilloskop. Man kann schon Atome zählen, wie man Eier oder
Nüsse zählt. Wägen kann man sie auch, allerdings nur indirekt,
wie man z. B. auch die Sonne nur indirekt wägen kann. Die
theoretisch längst erschlossene Gitterstruktur der Kristalle konnte
neuerdings auch photographisch festgestellt werden; es ist nunmehr auch experimentell nachgewiesen, daß ein Kristall sich aus
Teilen von bestimmter Größe aufbaut. Ferner ist es neuerdings
gelungen, die Bahnen gewisser Atome und sogar Bahnen der noch
viel kleineren Elektronen in übersättigtem Wasserdampf zu photo-
graphieren, in vollkommenster Übereinstimmung mit der theoretischen Erwartung, und schwerlich sind wir schon am Ende solcher
Entdeckungen. Sind Bahnen da, so muß doch auch etwas da
sein, was diese Bahnen erzeugt. Mit spekulativen Allgemein-
heiten wird sich dem gegenüber sehr wenig ausrichten lassen.
Der Physiker kümmert sich einfach nicht darum, und er
tut, als Physiker, sehr wohl daran. Aber die Entscheidung hing nie an solchen Fortschritten, so wenig wie

---

[1]) Probleme der Wissenschaft, Leipzig 1910.

etwa die Lehre von der Abstammung des Menschen der Auffindung eines *missing link* bedurfte. Ein Verzicht auf die Annahme der Realität von Atomen, wie immer sie beschaffen sein
mögen, bedeutet den grundsätzlichen Verzicht auf Verständnis nicht etwa nur in der Chemie, sondern so ziemlich in
allen Naturwissenschaften. Das ist seit einem halben Jahrhundert
die Ansicht der überwiegenden Mehrzahl der Fachvertreter. Man
täusche sich darüber doch nicht mit Redensarten hinweg (Rechenmarken der Theorie usw.), die zudem sachlich nicht das Geringste
fördern. Die Wissenschaft ignoriert solchen reaktionären Protest,
mag er nun von idealistischen Philosophen oder von positivistischen
Naturforschern und Mathematikern ausgehen.

Der Hauptgrund für das Scheitern des Positivismus muß
wohl darin gesucht werden, daß er mit der Kausalität nicht zu-
recht kommen kann. Er sieht sich auf das Denken und die
Empfindungen, auf die Welt des Bewußtseins angewiesen. In dieser
besteht aber ein regelmäßiges Bedingtsein irgend eines Vorgangs
durch zeitlich vorausgehende Vorgänge noch nicht. Erst wenn
man die Außenwelt hinzunimmt und auch die Innenwelt durch
unbewußte psychische Vorgänge ergänzt, zeigt sich die Gesetzmäßigkeit alles Geschehens. Eine ähnliche Schwierigkeit bietet
auch schon der Idealismus. Beide verwickeln sich notwendigerweise in Künsteleien und Widersprüche, wenn sie versuchen, von
ihren Standpunkten aus die Tatsachen darzustellen. Wer die
Kausalität zugibt, muß, wie W. Freytag treffend dargelegt hat,
Realist sein[1]). Kausalität und Transzendenz sind feste Mauern,
an denen wohl noch Viele sich die Köpfe einrennen werden.

Wir haben es hier mit einer prinzipiellen Frage zu tun und
müssen daher unterscheiden zwischen der Theorie des Positivismus
und der Praxis der zu ihrem Glück durchweg inkonsequenten
Positivisten.

Wohl haben Positivisten Wertvolles geleistet. Welcher Mathematiker und Physiker hätte nicht aus Machs Mechanik die
reichste Belehrung geschöpft, diesem prachtvollen Buche, das nicht
genau und oft genug studiert werden kann, das bei jeder neuen
Lektüre seine anregende und erfrischende Wirkung von Neuem

---

[1]) W. Freytag, Der Realismus und das Transcendenz-
problem (Halle 1902).

bewährt. Aber nur Weniges findet sich darin, was ein besonnener Realist nicht ebenfalls gesagt haben oder unterschreiben könnte. Das „Prinzip" aber, mit dem allein wir es hier zu tun haben, ist Kritik und nichts als Kritik, reine, und zwar durchaus unfruchtbare Negation, eine Art von Guillotine oder stets zu kurzem Prokrustesbett. Die Geschichte der Philosophie sagt, daß es ursprünglich eine befreiende Tat war gegenüber Ausschreitungen einer wilden Spekulation. Mag sein, aber wozu dann die Übertreibung? Heute vermißt man in der Handhabung dieses Mechanismus eben den Geist, in dessen Namen er seine zerstörende Tätigkeit vollbringt, oder doch zu vollbringen sucht, den Geist der Kritik. Die „antimetaphysische" und antidogmatische Tendenz ist selbst ein zügelloses Dogma geworden, „philosophischen Dekreten" werden philosophische Dekrete gegenübergestellt. Es scheint ein allgemeines Gesetz zu sein, daß kein Gedanke vor maßloser Übertreibung sicher ist. Zauberei, Gespensterglaube, Spiritismus, vierte Dimension des Raumes, Gittermoleküle, Ionen und Elektronen, überhaupt Materie im üblichen Sinne des Wortes, Apriorismus, Kausalität, Kräfte, chemische Theorien und was weiß ich was noch, diese ganze bunte Gesellschaft wird erbarmungslos umgebracht und verschwindet in demselben Massengrab, das der Metaphysik und ihrem gesamten „Hexensabbat" von näheren und entfernteren Anverwandten zur schmucklosen Familiengruft bestimmt ist[1]). Der Tod macht Alles gleich. Daneben steht der für solche Gelegenheiten bestallte Prediger des Positivismus und hält eine nicht gerade pietätvolle, aber doch feierliche Leichenrede. Den versammelten Leidtragenden und Neugierigen — wir hätten beinahe gesagt Festgenossen — wird die tröstliche und erhebende Botschaft, daß sie Zeugen eines welthistorischen Ereignisses sind: In diesem Augenblick bricht eine neue Kulturepoche an, der molekulare usw. Aberglaube ist vernichtet, es beginnt die schöne Zeit der hypothesenreinen Wissenschaft und energetischen „Kulturologie"[2]). Und nach Hause geht es mit Musik. Einer, der etwas abseits stand, ließ seine Gedanken schweifen. Freiheit, Gleichheit und Brüderlichkeit kamen ihm in den Sinn, auch erweckten ihm

---

[1]) Vgl. Mach, Erkenntnis und Irrtum, S. 104.
[2]) Siehe die Anmerkung am Schluß des Abschnitts.

Szene und Gesichter eine Erinnerung. Es war noch nicht lange
her, und beinahe ebenso schön war es gewesen. Alle wichtigeren
„Welträtsel" hatte man gelöst und dann den überflüssig gewor-
denen Geist begraben, nebst zugehörigem Hexensabbat. Etliche
der diesmal bestatteten Persönlichkeiten waren auch damals schon
grausam hingemordet und in die Grube gesenkt worden, natürlich
in ihrer Eigenschaft als Abkömmlinge des Geistes. Und auch
damals war eine neue in die Ewigkeit sich erstreckende Kultur-
periode angebrochen, das Weltalter der höheren materialistischen
Kultur. Wie schnell doch heutzutage die Kulturen einander ab-
lösen! Das nenne ich mir Fortschritt! Und schon naht ein
weiterer Leichenzug mit dem Gefolge einer entsprechenden Kultur,
und in der Ferne noch einer und dahinter wieder einer. Pragmatismus, Aktivismus, Intuitionismus oder wie sonst die neueste
Mystik des *élan vital* sich nennen mag, alle sind sie im Anzug,
X-ismus, Y-ismus, Ismus, Ismus, Ismus! Sogar vom Hegelismus
wollen Kenner wissen, daß er noch einmal obenauf kommen werde.
Jedenfalls ist es eine Wonne zu leben! Wer hätte da noch Sinn
und Lust, sich über Fragen den Kopf zu zerbrechen, mit denen
man keinen Hund vom Ofen lockt?

Doch kehren wir nach diesem frevelhaften Intermezzo, in
das wir ganz unversehens hineingeraten sind, zurück zu ernster
Betrachtung! Es gilt, die eben reife süßeste Frucht des Erkenntnis-
baumes zu kosten, den Pragmatismus!

Schon bei E. M a c h erscheint das wiederholt erwähnte
„Prinzip der Ökonomie des Denkens". Es ist das im Grunde
die alte praktische, z. B. in der Mathematik allgemein anerkannte
Forderung, Resultate der Wissenschaft möglichst einfach darzu-
legen. Hieraus wird nun ein oberstes Erkenntnisprinzip und
Grundsatz aller Wissenschaft gemacht. Wie wir gesehen haben,
werden mit seiner Hilfe Hypothesen, die als solche vom Positivisten
eigentlich abgelehnt werden müßten, doch noch gerechtfertigt
(S. 37). Es steckt darin auch wohl wirklich ein gesunder Kern.
Denn zahlreich sind die Fälle, in denen von jeher in den Naturwissenschaften eine Entscheidung zwischen konkurrierenden Hypothesen in der Weise herbeigeführt wurde, daß man der einfacheren
den Vorzug gab. Wir werden hierauf später zurückkommen
(Abschnitt IX). Die Motivierung der Lehre, daß die einfachste

Annahme immer auch die beste sein soll, ist aber bei Mach
so dürftig ausgefallen, daß einer seiner Gegner die Fassung vorschlagen konnte: „Es erspart Nachdenken, anzunehmen, daß das
Nachdenken ersparende Denken das richtige ist." (Nelson.)
Wieviel auch an einer wirklichen Durchführung des Gedankens
fehlt, haben wir schon hervorgehoben (S. 36—39).

Daß man hier so wenig wie in der „vollständigen und einfachsten Beschreibung" von Naturvorgängen eine Quelle neuer
Ideen vor sich hat, die eben der Phantasie entstammen und sich
gar keiner Regel fügen, ist klar, und daß mit solchen „Prinzipen"
die Möglichkeit einer Vorhersage nicht gegeben ist, läßt sich auch
nicht in Abrede stellen. Die Vorhersagen, deren die Wissenschaft
nicht entraten kann, müssen anders eingeführt werden, durch die
Annahme einer Gesetzlichkeit des Naturverlaufs, die ihren Ursprung in der Erfahrung, nicht in der Denkökonomie hat.

Für diese Fundamentalhypothese aller Realwissenschaft gibt
es nun freilich ein positivistisches Surrogat: Machs „Einschränkung der Erwartung". Sehen wir davon ab, daß Erwartung eine Art der Vermutung ist und also gegen das positivistische Prinzip verstößt[1]), lassen wir die evidente Unklarheit
im Begriff der Einschränkung auf sich beruhen und fragen wir
einfach: Warum wird die Erwartung eingeschränkt? Doch wohl,
weil eben auch der Positivist im dunklen Grunde seines Herzens
die Gesetzlichkeit des Geschehens als wirklich vorhanden erachtet!

Ein weiterer grundsätzlicher Einwand richtet sich gegen den
subjektiven Charakter der Urteilsbildungen „einfach", „verwickelt".
Zwar sind wohl die Fälle überwiegend, in denen man kaum zweifelhaft sein kann, es gibt aber auch andere. (Vgl. Abschnitt IX.)

Das Bedenkliche der Sache tritt klar hervor in einer all-
gemeineren Wendung, die auch schon Mach demselben Gedanken
gegeben hat. Es ist biologisch vorteilhaft (liegt im Nutzen
der Menschheit), die einfachsten Annahmen zu machen. Hiermit
wird aber über den Erkenntniswert einer Theorie entweder überhaupt Nichts ausgesagt, die Frage wird *ad calendas graecas*
verschoben, oder es wird dem Einzelnen ein Werkzeug in die
Hand gegeben, das auf vernünftige Art gar nicht gebraucht
werden kann, zum Mißbrauch aber geradezu herausfordert.

---

[1]) Siehe die Anmerkung S. 14.

Was liegt im Nutzen der Menschheit? Es ist ja noch nicht einmal ausgemacht, daß es nicht besser für uns wäre, gedankenlos dahinzuleben, wie es die Bewohner der Südseeinseln taten, ehe die verruchten Europäer ihnen ihr Idyll zu stören begannen. Noch kein Weiser hat je die Grenzlinie zu ziehen gewußt zwischen dem Nutzen der Menschheit und dem Nutzen des Einzelnen. Auch ist es noch nicht gelungen, Raubtiere in Schafe zu verwandeln, die den Vorteil der Schafheit dem eigenen Vorteil voranstellen möchten. Man denke an den Mißerfolg der Friedensbestrebungen. Wahrlich, es gehört die ganze Harmlosigkeit und Weltfremdheit eines Gelehrten alten Schlages dazu, um *optima fide* auf Derartiges eine Wissenschaft gründen zu wollen.

Der Urheber dieses biologischen Vorteils, einer neuen Auflage des alten ἄνϑρωπος μέτρον ἁπάντων (Der Mensch das Maß aller Dinge) muß erschrocken sein, wenn es ihm bekannt geworden ist, was für eine Art von Erkenntnistheorie zu ihrer Stütze die seinige in Anspruch nimmt[1]). Da die Menschheit keiner Meinung und keines Wollens fähig ist und durch keine Delegiertenkonferenz im Friedenspalast je festsetzen kann, was denn der mysteriöse biologische Vorteil eigentlich bedeuten soll, so muß Jeder sich das nach bestem Ermessen selbst klar zu machen suchen. Die so zustande kommenden Urteile aber sind notwendigerweise s u b j e k t i v. Allgemein anwendbare Kriterien, die es überhaupt nicht gibt, kann eben auch dieser Grundsatz nicht liefern.

Die amerikanisch-englischen Pragmatisten D e w e y, J a m e s und F. C. S. S c h i l l e r haben diese Konsequenz aus der Lehre vom biologischen Vorteil in Form einer sogenannten W a h r h e i t s l e h r e entwickelt. Man kann hierin, und kaum mit Unrecht, einen terminologischen Mißbrauch erblicken. Die genannten Autoren hätten

---

[1]) W. J a m e s, D e r P r a g m a t i s m u s. Aus dem Englischen von W. J e r u s a l e m, S. 36. (Leipzig 1908.)

H. V a i h i n g e r, D i e P h i l o s o p h i e d e s A l s O b. S y s t e m d e r t h e o r e t i s c h e n, p r a k t i s c h e n u n d r e l i g i ö s e n F i k t i o n e n d e r M e n s c h h e i t a u f G r u n d e i n e s i d e a l i s t i s c h e n P o s i t i v i s m u s, S. XII. (Berlin 1911.)

Die nächsten Zitate im Text beziehen sich, soweit nichts anderes bemerkt ist, auf die erste dieser beiden Schriften. Beide berufen sich an den bezeichneten Stellen auf M a c h.

ganz ebensogut die Existenz einer Wahrheit leugnen können.
Worauf es ankommt und worauf es besonders uns hier ankommt,
ist indessen die Behauptung des subjektiven Charakters aller
wissenschaftlichen Kriterien, mögen sie nun Wahrheitskriterien
heißen oder nicht; und so weit ist der Pragmatismus wirklich eine
Konsequenz der Lehre vom biologischen Vorteil, und zwar die
notwendige Konsequenz, wenn diese Lehre überhaupt irgend
einen greifbaren Inhalt haben soll.

Nach James hat der Einzelne Gefühle der Lust und
Unlust gegeneinander abzuwägen, und damit gelangt
er zu einem ihm eigentümlichen und für keinen Anderen
verbindlichen Wahrheitsbegriff oder Wahrheitskriterium (was beides im Pragmatismus nicht unterschieden
wird). Siehe James, S. 50, wo die Sache am Absoluten (einem
scholastischen Wort oder Surrogat für den Gottesbegriff) sehr
hübsch auseinandergesetzt wird[1]).

Wesentlich hiermit übereinstimmend sind, wie James selbst
sagt, die formell etwas verschiedenen Lehren anderer Pragmatisten.

Wahrheit ist z. B. nach Dewey „das, was Befriedigung ge-
währt" (James, S. 149). Das ist ein offenbar sehr angenehmer
Wahrheitsbegriff. „Wir sagen, diese Theorie löst dieses Problem
in befriedigenderer Weise als jene; aber »befriedigender« heißt
befriedigender für uns, und jeder wird dabei auf einen
anderen Punkt mehr Gewicht legen." (James, S. 38, 39.)
Auch dieser Wahrheitsbegriff variiert also von Subjekt zu Subjekt,
und das von rechtswegen. Ein Angeklagter und sein Richter z. B.
werden auf ziemlich verschiedene Punkte „mehr Gewicht legen".

Nach dem dritten Hauptvertreter des Pragmatismus, F. C. S.
Schiller, ist wahr „das, was wirkt" (James, S. 148). Durch
diese verblüffend einfache Formel ist das alte Rätsel definitiv ge-
löst, der „kindische Wahn", es könne eine von uns unabhängige
Wahrheit geben, ist beseitigt[2]). Aber was heute wirkt, braucht
es morgen nicht zu tun (*Acqua passata non macina più*). „Ein
Gedanke ist so lange wahr, als der Glaube an ihn für unser
Leben nützlich ist" (James, S. 48). Hier haben wir also den

---

[1]) Die Stelle wird von Dürr reproduziert und kritisiert (Erkenntnistheorie, S. 168).

[2]) Schiller im Bericht über den dritten internationalen Kongreß
für Philosophie, S. 711. (Heidelberg 1909.)

biologischen Vorteil als Nützlichkeit für „unser" Leben, und zu‐
gleich die richtige Einsicht, daß die daraus abzuleitenden wissen‐
schaftlichen Kriterien (die sogenannten Wahrheitskriterien) nach
Zeit und Umständen variieren müssen. Wahrheiten, oder was der
Pragmatist so nennt, kommen, bestehen und vergehen wie lebende
Wesen: Sie selbst, nicht unsere Erkenntnis einer (realistischen)
Wahrheit. Da aber der Pragmatist nur seinen Wahrheitsbegriff
kennt und gelten läßt, so darf man sich freuen, daß z. B. der
Pythagoräische Lehrsatz noch einigermaßen nützlich zu sein scheint,
sonst müßte man ihn auf der Stelle abschaffen!

So „lockert der Pragmatismus alle unsere Theorien.
Er hat in der Tat keine Vorurteile, keine bahnsperrenden Dogmen,
keinen strengen Kanon für die Beweiskraft der Argu‐
mente." Er „klebt" nicht an der Logik (S. 50, 51) und läßt
(darf man noch sagen folglich?) mit Milde auch einmal fünf
gerade sein. Deshalb hat er „auf religiösem Gebiet einen großen
Vorteil voraus" (ebenda).

Besonders empfiehlt sich diese „durchaus lebensfrohe Philo‐
sophie" weiteren Kreisen noch dadurch, daß sie „das Gebiet
erweitert, auf dem man Gott suchen kann" und daß sie „demo‐
kratisch" ist (ebenda). In der Tat scheint sie der Regierungs‐
form der Vereinigten Staaten nachgebildet zu sein: Eine Philo‐
sophie *of the people, for the people, by the people*. Alle, alle mögen
sie kommen und mittun: „Er — der Pragmatismus — läßt
auch die bescheidenste und persönlichste Erfahrung gelten. Er
würde auch mystische Erfahrungen gelten lassen, wenn sie
praktische Folgen hätten" (ebenda). Tatsächlich tut er es, wie
gleich darauf auseinandergesetzt wird. Im Widerspruch zu dem,
was kurz zuvor über das Absolute gesagt worden war, aber aller‐
dings nur eine Privatmeinung des Pragmatisten James darstellt,
kann jetzt der Pragmatist ganz allgemein die Existenz Gottes
nicht leugnen, weil dieses Urteil „pragmatisch so erfolgreich"
war (ebenda). Warum nicht jeder Mißbrauch brutaler Gewalt,
namentlich der Staatsgewalt, ebenso motiviert werden kann, er‐
fahren wir nicht. Ohne Zweifel kann er es auch wirklich. Jeden‐
falls aber entscheidet nach James in wissenschaftlichen wie
anderen Fragen eine nicht sachverständige Majorität, und zwar
unter Umständen auf Grund von Glaubenssätzen, hier und heute
so, dort und morgen anders: „*Moses wrote the Pentateuch, we*

think, because if he didn't (!), all our religious habits will have to be undone[1].“ Wer sind die wir, von denen hier die Rede ist? Das Volk der Japaner z. B. ist nicht einbegriffen. Wer sich in den absurden pragmatistischen Gedankengang mit seinen Dutzenden koexistierender und einander widersprechender „Wahrheiten“ nicht hineindenken kann, muß eine nicht sehr schmeichelhafte Vorstellung vom Bildungsniveau jener „wir“ bekommen, zu denen James, trotz seiner Abneigung gegen das „Absolute“, sich selbst zu rechnen liebenswürdig genug ist.

Das entworfene, in den Umrissen wohl schon ziemlich deutliche Bild des Pragmatismus bedarf zu seiner Vervollständigung noch einiger weiterer Züge:

„Der Pragmatist fühlt sich nicht wohl, wenn er weit weg ist von Tatsachen. Der Rationalist fühlt sich nur in der Nähe von Abstraktionen behaglich“ (S. 42). Der pragmatistische Grundbegriff der Menschheit (den ein anderer Pragmatist, Armstrong, gelegentlich durch die Worte *man as man, not quâ individual* erläutert) gilt anscheinend nicht als Abstraktum.

„Während der Pragmatist an einzelnen Fällen zu zeigen unternimmt, warum wir uns an die [von ihm so genannte] Wahrheit halten müssen, ist der Rationalist unfähig, die konkreten Tatsachen zu erkennen, aus denen [von wem doch?] seine Abstraktion gewonnen ist“ (S. 43).

„Der Rationalismus klebt an der Logik und am Himmelreich. Der Empirismus [Positivismus?] klebt an den äußeren Sinnen. Der Pragmatismus ist zu allem bereit, er folgt der Logik oder den Sinnen...“ (S. 51).

Wie schön und belehrend wäre es nicht gewesen, wenn diese Abstraktionen, in deren Nähe sich der Pragmatist anscheinend denn doch recht wohl fühlt, aus Tatsachen abgeleitet worden wären! Es gab z. B. einmal einen gewissen Newton, der (wie bekannt) an Logik und Himmelreich klebte und daher als „Rationalist“ die von ihm bearbeiteten Tatsachen nicht zu erkennen vermochte!

---

[1] James, The Meaning of Truth, p. 88. (New York 1909.) Zitiert nach einem Referat.

Nun werden freilich nicht alle Pragmatisten Alles unterschreiben, was wir hier vernommen haben. Das kann ihnen aber nicht viel helfen. Im Wesentlichen werden die vorgetragenen Ansichten doch mindestens von den beiden anderen Hauptvertretern des Pragmatismus Dewey und Schiller geteilt, wie wir es ja gesehen haben. Wurde doch selbst die Alternative „Rationalismus—Pragmatismus" den erstaunten Teilnehmern am Philosophenkongreß zu Heidelberg (1909) von Schiller zur Wahl gestellt, als ob es nichts Anderes gäbe. Außerdem sehen wir nicht, wie das Prinzip des biologischen Vorteils, oder wie sonst die Sache genannt werden mag, in der Anwendung zu sehr verschiedenen Wirkungen führen könnte. Der Pragmatismus ist, mit dem sonst üblichen Maß gemessen, inkonsequent genug, in dieser Hinsicht aber ist er es nicht.

Sollte nicht unsere Philosophen der Gedanke stutzig machen, bei welcher Art von Publikum ihre Lebensweisheit Widerhall finden muß? Vom skrupellosen Anbeter der von allen Musen und Grazien verlassenen Tugend der *successfulness* bis zum letzten Soldaten der Heilsarmee, welches Spektrum von hoffnungslosen Barbaren kann nicht an dieser Philosophie helle Freude haben [1]! Man wußte es ja schon, die Ideale der altweltlichen Kultur sind „kindischer Wahn", und die bisher so genannte Wissenschaft, die nach keinem Nutzen fragt, kann großenteils auf den Schutt geworfen werden. Aber daß uns ein solches Evangelium von dieser Seite her verkündet wird, ist neu und berührt besonders schmerzlich.

Daß der namentlich im Lande der unbegrenzten Möglichkeiten „pragmatisch so erfolgreichen" Tagespresse solche Dinge nicht zweimal gesagt zu werden brauchen, kann man sich denken. Wer wollte bezweifeln, daß eine Wahrheitslehre, die auf Verlangen auch Milch, Butter und Käse spendet und „religiösen Trost" dazu, überall, auch in Laienkreisen, Interesse und Beifall erweckt [2]?

---

[1] Sogar der Stil, das Englisch oder vielmehr Amerikanisch von James (Pragmatism, New York 1907) zeigt eine Geschmacksrichtung, die man sonst in wissenschaftlichen Werken vergeblich suchen wird.

[2] Äußerung von Schiller auf dem Philosophenkongreß zu Heidelberg. Auch Herr Ostwald, der (wie zu erwarten) vom Pragmatismus begeistert ist, weiß zu berichten, wie zündend die Vorlesungen von James auf das ganze (?) intellektuelle New York gewirkt haben. (Ann. d. Naturphilosophie 7, 511, 1908.)

Wie sollte sie nicht: Sind doch die Betätigungsweisen dieser wahrhaft chamäleontischen Philosophie „so mannigfaltig und so geschmeidig, ihre Hilfsmittel so reich und so unerschöpflich, ihre
Schlüsse so liebevoll wie die der Mutter Natur"! (James, S. 50.)

Freilich, daß auch der *bread-and-butter standpoint* durchaus
den pragmatistischen Grundsätzen entspricht, davon wollen die
Pragmatisten nichts wissen. James redet sogar von unverschämter Verleumdung (S. 148). Wir haben durch unsere Zitate
den Leser in den Stand gesetzt, selbst zu urteilen. James
hilft sich gegenüber dieser Kritik auf eine ziemlich naive Weise.
Er verlangt von den Kritikern des Pragmatismus „mehr Phantasie"
(S. 149). Als ob es Aufgabe des Kritikers sein könnte oder auch
nur — dem Publikum gegenüber — sein dürfte, Sinn und Vernunft
in die Ungereimtheiten der Autoren hineinzuphantasieren [1])! Nein,
die Ursache des Mißgeschicks liegt im Pragmatismus selbst, in
seinem Prinzip und in der gallertartigen Konsistenz dieser
Quallenphilosophie, die schon zerfließt, wenn man sie nur scharf
ansieht.

Der Pragmatismus, der sich an Alle wendet, muß auch mit
den Nachtseiten der Menschennatur rechnen, gerade er, der eine
Lebensphilosophie sein will, muß auf seine voraussichtlichen Wirkungen, auf seinen eigenen „pragmatischen Erfolg" ganz besondere Rücksicht nehmen. Gibt es nun aber eine Scheußlichkeit,
die sich nicht als „pragmatisch erfolgreich" erweisen könnte und
schon erwiesen hätte? Statt des zuvor (S. 27) eingeführten Banausen hätte z. B. auch ein Konquistador oder Großinquisitor sich
auf die pragmatistischen Grundsätze berufen können, wenn er das
Glück gehabt hätte, daß zu seiner Zeit diese Philosophie schon existierte. Nichts ist wahr, und Alles ist erlaubt, das ist die Devise, die

---

[1]) Einige, wie Dürr, wollen einen gemäßigten Pragmatismus, der
wenigstens die Logik in Ruhe läßt, und einen extremen auseinanderhalten, und für den ersten scheinen sie Manches übrig zu haben.
Natürlich gibt es auch andere Werte als solche der Logik und
Erkenntnistheorie, aber diese haben mit der Frage nach dem Richtig
oder Wahr und Falsch nichts zu tun. Sie sind auch nicht erst von
den Pragmatisten entdeckt worden. Uns scheint der ganze Vorzug
des gemäßigten Pragmatismus in größerer Inkonsequenz zu liegen.
Wer nicht selbst Pragmatist ist, muß unseres Erachtens den gemäßigten
Pragmatismus sogar für den gefährlicheren halten, da er leichter
über sein Wesen zu täuschen vermag.

diese Philosophie sich wählen müßte, wenn sie ihren Konsequenzen ins Auge sehen wollte. Aber der Pragmatist besitzt keinen Spiegel, und außerdem hat er noch, gleich der Göttin der Gerechtigkeit, eine Binde vor den Augen. Wem ist es zu verdenken, wenn er Philosophen nicht ernst nehmen mag, deren Weisheit (unter Anderem) darauf hinausläuft, daß es so viele und mehr Arten von „Wissenschaft" geben darf, als es religiöse Sekten gibt!

Sollte gleichwohl eine von den Konsequenzen absehende Kritik erwünscht sein, so braucht nur daran erinnert zu werden, daß es ja im täglichen Leben auch unbequeme und sogar recht grausame Wahrheiten gibt, Wahrheiten, die darum nicht minder Wahrheiten sind; granitne Wahrheiten, an denen sich nichts deuten noch rütteln läßt, denen gegenüber alle pragmatistischen Abwägungen und dialektischen Kunststückchen machtlos sind.

Die geschilderten Konsequenzen des unglücklichen biologischen Vorteils, die dessen Urheber sicher so unerwünscht wie möglich sein müssen, werden sich nicht so leicht hinwegdisputieren oder hinwegdefinieren lassen. Man würde damit nur das Verfehlte der Idee desto mehr ins Licht setzen. Die beschriebene Zersetzungserscheinung einer noch unreifen und doch schon morschen Kultur sieht mit ihren „populären" Daseinsbekundungen gewiß ganz anders aus als die sachlich gehaltene ältere Erkenntnistheorie eines Mach. Aber die Molluskenhaftigkeit, die die notwendige Folge jeder übertriebenen Betonung des Subjektiven ist, findet sich dort doch auch schon. In der Sache können wir nur einen wesentlichen Unterschied finden: Die reinen Pragmatisten haben die Deklamationen gegen das Transzendente aufgegeben und dafür die Idee des biologischen Vorteils weiter entwickelt. Gewiß nicht zum Guten, aber doch im Ganzen in einer Richtung, die durch die Prämisse des biologischen Vorteils gegeben und insofern unvermeidlich war.

Einen „Fortschritt" in dieser Richtung, die von Mach unter diesem oder jenem Namen die Denkökonomie und den biologischen Vorteil übernimmt, hat der Physiker M. Planck erwartet, als er in einer lehrreichen Kontroverse[1]) die Bemerkung machte: „Es

---

[1]) M. Planck, Die Einheit des physikalischen Weltbildes. Leipzig 1909.

E. Mach, Die Leitgedanken meiner naturwissenschaftlichen Erkenntnislehre und ihre Aufnahme durch die Zeit-

würde mich gar nicht wundern, wenn ein Mitglied der Machschen
Schule eines Tages mit der großen Entdeckung herauskäme,
daß ... die Realität der Atome gerade eine Forderung der wissenschaftlichen Ökonomie ist".

Hier hat nun der Scharfblick Plancks eine ungemein viel
elegantere Lösung der Schwierigkeit übersehen, die die Erfolge
der Atomistik dem Immanenzprinzip des Positivismus bieten. Man
kann ja auch sagen: Atome gibt es zwar nicht, man muß
aber so tun, als ob sie existierten. Damit haben wir den
Grundgedanken einer anderen Schattierung des Pragmatismus, die
in Vaihingers „Philosophie des Als Ob" nach allen Richtungen
hin variiert wird. Wie die Erkenntnistheorie Machs, so ist auch
diese Philosophie kein reiner Pragmatismus; es spielen idealistische
und positivistische Gedanken hinein.

Das Als Ob ist ein regelrechtes Columbus-Ei. Eine Menge
Fliegen können jetzt auf einmal erschlagen werden. Die Immanenz
ist gerettet und die praktischen Vorteile der Hypothesen sind es
gleicherweise. Alle Bedürfnisse des Verstandes sind befriedigt,
aber auch die des Herzens. Denn an Stelle der Atome kann man
substituieren, was man nur will. Z. B.: Einen Gott gibt es
zwar nicht, aber ... dem Volke muß die Religion erhalten werden.
Schon Voltaire soll Ähnliches gesagt haben.

Nun muß anerkannt werden, daß Fiktionen wirklich eine
große Bedeutung für die Wissenschaft wie im Leben haben. Kant
hat sie, wie Vaihinger eingehend nachweist, zu würdigen gewußt.
Es war gewiß ein guter Gedanke, diese Fiktionen systematisch zu
bearbeiten und untereinander zu vergleichen. Aber leider hat
unser Autor durch die in solchen Fällen ja allgemein üblichen
Übertreibungen sich um einen großen Teil der Früchte seines
sonst verdienstlichen Unternehmens gebracht. Was wird nicht
alles zur Fiktion degradiert! Und obendrein sollen noch in allen
Fiktionen Widersprüche stecken!

---

genossen. Scientia, Rivista di Scienza 7, 225, 1910 = Physik. Zeitschr.
11, 599, 1910.
    Planck, Zur Machschen Theorie der physikalischen
Erkenntnis. Eine Erwiderung. Vierteljahrsschr. f. wissenschaftl.
Philosophie u. Soziologie 34, 497, 1911.
    Dazu noch K. Gerhards, ebenda 36, 19 ff., 1912.

Die Mathematik beruht nach unserem Philosophen, der aus
recht trüben Quellen geschöpft haben muß, durchaus auf widerspruchsvollen Fiktionen. Ganze Kapitel seines Buches sind mit
solchen Mißverständnissen angefüllt[1]). Die Infinitesimalrechnung
„ist Unsinn, aber es ist Methode darin" (S. 548 der Philosophie
des Als Ob). Darin besteht ihr „Geheimnis". Unsinn, aber
nützlicher Unsinn, ist natürlich auch das Imaginäre. Widerspruchsvoll sollen sogar die Begriffe Punkt, Kurve, Fläche usw.
sein. „Der mathematische Raum ist (bekanntlich) ein Etwas,
welches ein Nichts ist, ein Nichts, welches ein Etwas ist", „ein
Neben- und Außereinander, in welchem nichts neben- und außereinander ist." (S. 472, 501. Man ergänze als Obersatz das positivistische Dogma: Was nicht auf die Sinne wirkt, ist Nichts.)

Überhaupt ist nach Vaihinger „Denken ein regulierter
Irrtum", „Wahrheit der zweckmäßigste Irrtum", wie Gehen
die zweckmäßigste Fallbewegung ist (S. 217). Man erkennt deutlich die Vaihinger mit Recht unbequeme Verwandtschaft der
„Philosophie des Als Ob" mit dem Pragmatismus eines James,
von dem sie sich übrigens durch Sachlichkeit, durch Fehlen aller
Popularitätshascherei wirklich vorteilhaft unterscheidet. Im Ganzen
kann man wohl diese Philosophie ungefähr so beurteilen, wie ihr
Urheber den Raum der Mathematiker beurteilt:

Zwar fehlt's ihr nicht an guten Eigenschaften,
Doch allzusehr am greiflich-Tüchtighaften.

Reinen, aber nicht weiter analysierten und nicht zu Ende
gedachten Pragmatismus finden wir schließlich in einer Reihe
nicht uninteressanter Skizzen, die der Mathematiker H. Poincaré
in einigen der Erkenntnistheorie gewidmeten Schriften zusammengestellt hat[2]). Mit der sonstigen erkenntnistheoretischen Lite-

[1]) Besonders geeignet zur Aufklärung der im Texte besprochenen
wohl auch noch weiter verbreiteten irrigen Ansichten ist ein Buch des
englischen Mathematikers A. N. Whitehead: An Introduction to
Mathematics (London, Williams u. Norgate, ohne Jahreszahl). Das
Gute ist billig zu haben, das ganze Buch kostet, noch dazu hübsch
gebunden, nur einen Schilling.
[2]) Wissenschaft und Hypothese, deutsch von L. Lindemann, mit Anmerkungen von F. Lindemann, 2. Aufl., Leipzig 1906.
Der Wert der Wissenschaft, deutsch v. E. Weber, mit Anmerkungen
von H. Weber, Leipzig 1906. Demnächst erscheint noch Wissenschaft
und Methode, deutsch von L. Lindemann, Leipzig 1913 oder 1914.

ratur scheint dieser Autor, der ein inhaltreiches Leben der Förderung seiner Fachwissenschaft gewidmet hat, nur geringe Fühlung zu haben; sonst würde wohl Einiges anders ausgefallen sein.

Die Wissenschaft ist nach Poincaré konventionell. Hypothesen müssen zweckmäßig gebildet, möglichst einfach oder, drastischer ausgedrückt, praktisch sein. Mehr kann und darf von ihnen nicht verlangt werden. Da haben wir also von Neuem die Denkökonomie und den biologischen Vorteil unter anderem Namen, mit einem Stich ins Als Ob. Es gilt das zuvor Gesagte.

Unter den von Poincaré behandelten Gegenständen findet sich auch das Raumproblem. Wir werden darauf in einem späteren Abschnitt (IX) eingehen.

Es mag schließlich noch das Vorgetragene in einem Gesamturteil zusammengefaßt werden. Dieses bezieht sich unmittelbar nur auf die vorgeführte Literatur, soweit aber des Verfassers Kenntnis darüber hinausreicht, würde auch Berücksichtigung weiterer Schriften (Schuppes immanente Philosophie, Empiriokritizismus, Imperativismus usw.) kein günstigeres Bild geben.

Von Kant (und einem Teile seiner Schule) sind wertvolle Anregungen ausgegangen, deren einige wir kurz besprochen haben. Dagegen ist die von ihm wie überhaupt vom idealistischen Standpunkt aus am Realismus geübte Kritik als völlig mißlungen zu betrachten, und insbesondere gilt das von der Kritik des in den exakten Wissenschaften üblichen Raumbegriffs. Eine ernst zu nehmende positivistische oder pragmatistische Kritik der realistischen Denkweise fehlt. Die Grundsätze, die die großen Naturforscher in ihrer wissenschaftlichen Arbeit betätigt haben, bestehen in ungeschwächter Geltung. Idealismus, Positivismus und Pragmatismus haben, soweit sie dem realistischen Gedankengang nicht folgen wollen, Brauchbares an seine Stelle nicht zu setzen vermocht. Überdies hat sich der Positivismus als völlig unfruchtbar, der Pragmatismus geradezu als gemeinschädlich erwiesen.

Einzelne Leistungen von Vertretern der genannten Richtungen, die aber mit ihren „Prinzipen" nichts zu tun haben, bleiben von dieser Kritik unberührt.

Nachdem wir hiermit unseren Standpunkt tunlichst abgegrenzt und verbarrikadiert zu haben glauben, wenden wir uns zur Theorie des Raumproblems.

Das zitierte Buch von H. Cohen (Die Logik der reinen Erkenntnis) verdient deshalb Beachtung, weil es das anerkannte Hauptwerk einer ganzen Philosophenschule ist, der sogenannten Marburger Schule, zu der sich auch der uns näher angehende P. Natorp rechnet. Wir entnehmen dieser Schrift folgende Stellen, die wir dazu freilich — was nicht gebilligt werden wird — „aus ihrem Zusammenhang herausreißen" müssen.

„Die Erzeugung selbst ist das Erzeugnis" (S. 26).

„Auf dem Umwege des Nichts stellt das Urteil den Ursprung des Etwas dar" (S. 69).

„Denn das relative Nichts fixiert sich gänzlich und ohne Nebensinn auf sein korrelatives Ichts" (S. 77).

„Unbesorgt daher und zuversichtlich darf die Kontinuität ihre Fahrten in die Länder des Nichts unternehmen" (S. 99).

„Die Antizipation ist der tiefere Grund der Addition" (S. 137).

Die Irrationalzahl stellt sowohl Einheit wie Mehrheit in Frage, indem sie sich in bloße Antizipation der Zeit aufzulösen und die Tendenz der Mehrheit zu verschmähen scheint (S. 151, 152; verkürzt zitiert nach Görland).

„Dieses dx ist der Ursprung des x, mit dem die Analysis rechnet" (S. 106).

„Das Integral aber ist nichts anderes als die Allheit, in welcher die unendliche Reihe mit dem Unendlichkleinen sich verbindet" (S. 156).

So ergibt sich der Raum als Mittel, den Inhalt zu zeugen. Es ist der unendliche Raum, dem diese Leistung gelingt (S. 169).

„Der Raum entsteht, als Kategorie, im Urteil der Allheit" (S. 203).

„Die Null wird hier zum Maßstab, insofern sie den Überschritt zur Ableitung bezeichnet, deren positiver oder negativer Wert das Maß wird für die Null. Die prägnante Bedeutung des Maßes liegt im Unendlichen" (S. 384).

Im Begriff der Energie ist enthalten „die Verbindung und Vereinbarung der Funktion nebst der infinitesimalen Realität mit der Substanz und der Kausalität" (S. 251).

„Auch die Empfindung der Wärme wird im Thermometer objektiviert und im Barometer wird sie ganz auf den Raum wieder zurückübertragen" (S. 386).

„Die Anpassung bedeutet die Adaptation der Organismen an die allgemeinen physikalischen wie chemischen Bedingungen ihres Bodens und ihrer Umgebung" (S. 318).

Man sieht, der Urheber dieser Orakelsprüche lebt mit der gewöhnlichen Logik und insbesondere mit der Mathematik auf ebenso gespanntem Fuße, wie mit Physik und Biologie.

Man rede nicht von Unschädlichkeit solcher Schriften. So lange der Staat bei uns Einrichtungen trifft, die künftigen Lehrern eine Prüfung in „Philosophie" auferlegen, d. h. zwar nicht der Absicht nach, aber doch in der Praxis, eine Prüfung in dem, was der

jeweilige Schulbetrieb der einzelnen Universitäten als Philosophie hinstellt, so lange mindestens können derartige Erscheinungen
Denen nicht gleichgültig sein, die dieselben Studierenden unterrichten
wie solche Philosophen, namentlich, wenn diese noch unglaublicherweise
die Kunst verstehen, mit ihrem Widersinn Schule zu machen. Derartiges kann nur Schaden anrichten. Es liegt aber auch im öffentlichen
Interesse, daß diese Art des Philosophierens, die in willkürlicher Zu-
sammenstellung hohler Worte besteht, möglichst allgemein als das
erkannt werde, was sie ist.

Wir zitieren noch Cohens Urteil über den Realismus: „Ein un-
klares (!), auf weite und tiefe Strecken der Bildung verheerendes
Schlagwort" (S. 511). Auch hier muß wohl eine Verwechselung zugrunde liegen: Realismus = Naturalismus gewisser moderner Schriftsteller und Künstler. Aber was ist nun der „Idealismus" Cohens?

Auch zu dem über den Positivismus Gesagten wollen wir noch
Einiges hinzufügen.

Es haben nämlich neuerdings etliche Positivisten und Materialisten
zusammen eine Gemeinschaft der Gläubigen, eine Art von Kirche
gegründet. Ein Kirchenblatt wird herausgegeben: Das monistische
Jahrhundert, mit Beilage monistischer Sonntagspredigten
des Herrn W. Ostwald, in dem der Kundige längst den auf S. 42
eingeführten Leichenredner diagnostiziert haben wird.

Wie ist nun Solches möglich? Man sage nicht, es ist einerlei,
ob der Geist für Materie oder die Materie für Geist erklärt wird.
Denn da sind ja die Atome als ewiger Zankapfel.

Des Rätsels Lösung enthält Nr. 85 (26. Juli 1913) der Sonntagspredigten: Die Atome sind wieder auferstanden und zu Gnaden angenommen worden. Sie sind jetzt ebenso sichere Resultate der Wissenschaft, wie sie noch vor Kurzem das Gegenteil waren.

Wir haben daraufhin an dem einmal Geschriebenen nichts mehr
geändert, und zwar aus mehreren Gründen. Einmal ist nicht anzunehmen, daß die anderen Positivisten alle Ostwalds überraschende
Wandlungen mitmachen werden. Sodann wissen wir nicht, ob auch
nur Herr Ostwald selbst die Konsequenzen ziehen wird, auf die es
uns ankommt. Es sind so viele Widersprüche in seinen Schriften, daß
er recht wohl auch jetzt noch, in der Theorie, bei seinen Ansichten
über die Wertlosigkeit von Vermutungen und Hypothesen bleiben kann.
Schließlich hat er den Dogmatismus, der uns für die positivistische
Argumentationsweise charakteristisch zu sein scheint, keineswegs aufgegeben oder gemildert. In der gleichen Sonntagspredigt verkündigt
er, mit völlig unvermindertem Vertrauen in das eigene Urteil, eine
neue verblüffende, wir wissen nicht von wem herrührende Entdeckung:
Die Welt hört nach Raum und Zeit irgendwo auf, und zwar nach
Seiten des unendlich Großen wie des unendlich Kleinen!

Besonders merkwürdig ist das „Aufhören" der Welt nach Seiten
des unendlich Kleinen.

III.
Die natürliche Geometrie.

Eine jener kleineren oder Teilhypothesen, die in der
großen Hypothese des Realismus stecken und von uns im täglichen Leben zur Anwendung gebracht werden, ist die Annahme
der Existenz des empirischen Raumes. Gleich allen Hypothesen
muß sie ohne Beweis eingeräumt werden, und gleich allen hat sie
sich durch ihre Ergebnisse zu bewähren. Das tut sie denn auch,
schon im gemeinen Leben. Sie bedarf aber noch einer näheren
Bestimmung, zu der die Veranlassung erst in der menschlichen
Kulturwelt entsteht: Es muß auch eine exakte, d. h. durch mathematische Formeln ausdrückbare Struktur unseres Raumes, natürlich ebenfalls hypothetisch, angenommen werden; denn wir
brauchen physikalische Gesetze.

Freilich, mit Sicherheit kennen wir die genaue Form auch
nicht eines einzigen physikalischen Gesetzes, ja wir können nicht
einmal die objektive Gültigkeit derartiger Regeln behaupten, wie
die Physik sie in ihren mathematischen Formeln auszudrücken
pflegt. Die Wirklichkeit ist immer viel reicher als die Gedanken,
die wir uns über sie machen. Jene Regeln sind vielmehr, gleich
anderen Hypothesen, Produkte unserer Phantasie und unseres
Verstandes, Fiktionen, wissenschaftliche Träume von einer ver-
einfachten Welt. Aber gleich anderen wissenschaftlichen Hypothesen lehnen sie sich an die Erfahrung an, sie suchen ihr zu
folgen und suchen sie vorweg zu nehmen, und so sind sie viel
mehr als Träume oder Phantasiespiele anderer Art. Sie sind
Idealisierungen eines von der Erfahrung gelieferten Materials
und haben als solche eine sehr konkrete Bedeutung und prophe-
tischen Inhalt.

Es war möglich, auf Grund eines manchmal sogar recht
mangelhaften Bestandes von Tatsachen Gesetzmäßigkeiten zu ver-
muten, die sich, nach Idealisierung jenes Tatbestandes, durch
mathematische Formeln ausdrücken ließen, und mit ihrer Hilfe

gelang es, gewisse Gruppen von Erscheinungen theoretisch und
praktisch zu beherrschen, eine zunächst beinahe chaotisch er-
scheinende Verwirrung aufzuklären und künftige Ereignisse,
Sonnenfinsternisse z. B., mit einer Genauigkeit vorherzusagen,
die weit hinausging über die Schranken der ursprünglich vorhandenen Erfahrung.

Tatsachen dieser Art sind nur auf Grund der bezeichneten Annahme begreiflich, ohne daß es doch nötig
wäre, auch die Voraussetzungen der physikalischen
Theorien in allen Einzelheiten anzunehmen, diese
Theorien also für endgültige Idealisierungen der Wirklichkeit zu halten. Die Annahme der Existenz einer mit
den Hilfsmitteln der Mathematik, insbesondere denen der Geometrie, zu beschreibenden Struktur unseres Raumes steht daher
an Bedeutung dem Kausalitätsgesetz nicht viel nach, so wenig
sie ihm sonst gleicht. Sie ist zwar nicht, wie das Kausalitätsgesetz, Voraussetzung und Mittel alles Erkennens, wohl aber
ist auch sie Voraussetzung und Mittel alles quantitativen
Erkennens, aller sogenannten exakten Naturwissenschaft. Wer
diese Hypothese ablehnen will, muß sich klar machen, daß er
damit auch alle theoretische Physik ablehnt, und zwar grundsätzlich, und daß er sogar den Lebensnerv der gesamten Naturwissenschaft angreift, der in der Überzeugung von der Möglichkeit
einer gewiß nicht absoluten, aber doch unbegrenzt fortschreitenden
Erkenntnis besteht. Eine solche würde nicht denkbar sein, wenn
dem empirischen Raume eine gesetzmäßige und also irgendwie
mathematisch zu beschreibende Struktur abgehen sollte.

Wir gehen demnach von der unbewiesenen, aber plausibelen
und sogar sehr wahrscheinlichen Annahme aus, daß ein System
abstrakter Begriffe und Lehrsätze möglich ist, dessen
Gegenständen nicht nur die Art von „Realität" zukommt,
die aller Mathematik innewohnt, sondern außerdem noch
eine zweite Art von Realität, die wir physische Realität
nennen dürfen: Eine Art von Realität, die der ebenfalls
angenommenen Realität der Körper verwandt, aber doch
von ihr verschieden ist. D. h., wir nehmen an, daß die Eigenschaften unseres Raumes gerade in einem solchen System von
Begriffen und Lehrsätzen zum Ausdruck kommen können, daß wir
in diesem ein Gedankenbild des empirischen Raumes erblicken

dürfen und daß also unser Raum im Bilde des zugehörigen Systems Gegenstand des Erkennens, und zwar eines quantitativen Erkennens, werden kann. Das Gedankenbild aber, unser System abstrakter Begriffe und Sätze, nennen wir natürliche Geometrie. In der natürlichen Geometrie erblicken wir mithin einen Zweig der reinen Mathematik, insbesondere der (abstrakten, n-dimensionalen) Geometrie, zugleich aber auch ein in jeder Beziehung treues Abbild des Raumes, in dem wir leben. In ihrer ersten Eigenschaft muß also diese natürliche Geometrie, gleich anderen geometrischen Disziplinen, als freie Schöpfung eines denkenden Geistes betrachtet werden können, sie muß einer **rein-begrifflichen** Entwickelung fähig sein. In ihrer zweiten Eigenschaft aber ist sie **etwas Vorgefundenes,** ein Objekt des Naturerkennens. Objekt des Erkennens: Ganz so, aber auch nur so, wie überall in den Naturwissenschaften von einem Erkennen allein die Rede sein kann.

Wir sagen mit dieser Formulierung, daß wir die natürliche Geometrie in gewissem Sinne schon besitzen müssen und daß wir sie dennoch nicht besitzen. Da sie ein Zweig der reinen Mathematik sein soll, so besitzen wir sie, wenigstens der Anlage nach, gleich anderen rein mathematischen Disziplinen, die alle aus gegebenen Prämissen deduktiv entwickelt werden können. Aber diese Prämissen selbst kennen wir nicht, oder doch nicht mit Gewißheit, und wir können sie (wie noch gezeigt werden soll) auch nicht irgendwie deduzieren. Wir besitzen die natürliche Geometrie vielleicht und höchstens in dem Sinne, wie der Eigentümer einer großen Bibliothek ein verstelltes Buch besitzt. Wir können sie also nicht etwa aufweisen: „Hier ist sie", sondern wir müssen sie erst suchen. Während aber der Besitzer unserer Bibliothek, die ja nur eine endliche Zahl von Bänden enthält, die Gewißheit hat, bei genügender Geduld das vermißte Buch zu finden, sehen wir uns in bezug auf die unbekannte natürliche Geometrie auf ein Suchen in der großen Weltbibliothek angewiesen, das ein bestimmtes Ergebnis nicht zu haben braucht. Wir haben in der natürlichen Geometrie ein Ideal zu erblicken, ein Ziel der Forschung, dem wir uns wohl nähern können, dessen Erreichung aber vielleicht gar nicht

möglich ist. (Auch der Realismus hat Ideale — verzeihe es, wer
kann!) Und wir sagen weiter, daß es gar keinen anderen Weg
gibt, diesem Ideal näher zu kommen, als den, der aller Naturwissenschaft als einziger offen steht: Den Weg, der durch die
Worte Erfahrung und Hypothese bezeichnet wird. Wir müssen
mit versuchsweise aufgestellten Hypothesen sozusagen an der
Wirklichkeit herumtasten, um zu sehen, ob wir eine finden können,
die paßt. Wir behaupten also, daß die Auffindung der natürlichen Geometrie, d. h. die Bezeichnung ihrer logischen Prämissen,
ein naturwissenschaftliches Problem ist, gleich anderen. Ein
Problem übrigens von ganz besonderer Bedeutung, da seine mehr
oder minder vollkommene oder wahrscheinliche Lösung, wie gesagt, eine notwendige Voraussetzung der theoretischen Physik
ist, deren gesamter Inhalt daher nie ein höheres Vertrauen ge-
nießen kann, als die benutzte Lösung unseres Problems.

Auf die bezeichnete Art ist man schon im Altertum zu Werke
gegangen, wenn auch die Rolle, die die Erfahrung dabei gespielt
hat, schwerlich im Einzelnen wird nachgewiesen werden können.
Die Euklidische Geometrie war unter Anderem auch eine Hypothese (oder, wenn man will, ein System von Hypothesen) über
die Struktur „unseres" Raumes. Sie war ein erster großartiger
Versuch, eine „natürliche" Geometrie herzustellen oder vielmehr
die natürliche Geometrie zu finden — nach Vieler Meinung die
bedeutendste wissenschaftliche Leistung des Altertums. Und
alle Ursache hatte man, mit dem praktischen Erfolg des Er-
reichten zufrieden zu sein: Heute, nach zweitausend Jahren, ruht
ja eben auf dieser Grundlage die gesamte theoretische Physik.
In logischer Hinsicht war jedoch der uns überlieferte „klassische"
Aufbau des Euklidischen Systems nicht unbedenklich. So konnte
das Streben scharfsinniger Mathematiker, einen (allerdings
nur vermeintlichen) „Makel am schönen Leibe der Geometrie"
zu entfernen, eine neuere Zeit zur Einsicht führen, daß das
besprochene erkenntnistheoretische Problem noch keine befrie-
digende Lösung gefunden hatte. Neue geometrische Systeme,
neue Arten abstrakter Geometrie wurden entwickelt, die man
gegenwärtig unter dem Sammelnamen Nicht-Euklidische Geometrie begreift, und auch sie wurden, unter dem Protest der An-
hänger des Überlieferten, als brauchbare Hypothesen über die
Struktur unseres Raumes aufgefaßt. Daß diese verschiedenen

Arten der Geometrie ein hohes Interesse haben, kann wohl nicht in Frage gestellt werden. Ihre Anwendungen schon in der Mathematik selbst sind dazu zu mannigfaltig. Hat aber auch der Erkenntnistheoretiker es nötig, sich mit ihnen zu beschäftigen? Warum sollte der Physiker sich mit solchen Theorien abgeben, wenn doch das System der Euklidischen Geometrie ihm schon Alles leistet, was er braucht? Welchen Nutzen könnte der Chemiker, der Botaniker, der Geologe aus solchen Untersuchungen ziehen, und was geht die ganze Frage zum Beispiel den Vertreter der Zahlentheorie an?

In der Tat brauchen alle die Genannten *ex professo* sich auf solche Erörterungen gar nicht einzulassen. Daneben ist aber die Frage berechtigt, und die Wissenschaft kann nicht an ihr vorbeikommen, mit welchem Rechte denn man sich bestimmter Vorstellungsarten und Forschungsmittel bedient und welches Maß von Vertrauen man Resultaten schenken darf, die mit diesen Mitteln gewonnen worden sind. Ein ernsthafter Forscher wird nicht da eine Naturnotwendigkeit sehen wollen, wo vielleicht nur ein praktisches Bedürfnis befriedigt wird. Wer den Wunsch hat, sich der Stellung seiner Spezialwissenschaft im Ganzen der menschlichen Erkenntnis bewußt zu werden, wer den Wunsch hat, sich ein wenn auch noch so unvollkommenes und unbefriedigendes Weltbild zu machen, wird nicht den handgreiflichen Nutzen als alleinigen Maßstab des Wertes betrachten. Und er wird sich außerdem sagen, daß er auch über den Nutzen, den diese oder jene Theorie bringen oder nicht bringen mag, eben auch nur auf Grund einer besonderen Untersuchung urteilen kann.

Der Erkenntnistheoretiker wird sich auch möglichste Freiheit der Hypothesenbildung wahren wollen, und er wird daher, wo zwischen konkurrierenden Hypothesen eine Entscheidung nicht gefällt werden kann, es für eine Forderung der Vorsicht halten, sie alle in Betracht zu ziehen. Es muß ihm am Herzen liegen, daß aus anscheinend wohl motivierten Theorien nicht am Ende Vorurteile und Dogmen werden. Findet er, daß kein Anlaß vorliegt, die auf eine bestimmte Hypothese aufgebauten Theorien zu ändern, so wird er doch mit der Möglichkeit rechnen, daß ein solcher Anlaß eines Tages kommen kann, und er wird es als unerwünscht betrachten, wenn dann Gewöhnung und Bequemlichkeit

sich dem Fortschritt entgegenstellen, wie sie es unzählige Male
getan haben.

Die Fragen, die uns beschäftigen sollen, werden sich hiernach etwa so formulieren lassen:

Worin besteht der erkenntnistheoretische Wert der
als „Nicht-Euklidische Geometrie" zusammengefaßten
geometrischen Systeme? Dürfen wir sie neben der
Euklidischen als ihr gleichwertige oder doch als annähernd gleichwertige Hypothesen über die Struktur
unseres Raumes erachten? Und wenn ja: Dürfen wir
uns bei diesen Hypothesen beruhigen, oder werden wir
nicht vorsichtigerweise noch andere Annäherungs-
versuche an die unbekannte Wirklichkeit oder vielmehr
an das Bild dieser Wirklichkeit, an die natürliche Geometrie zu machen haben? Und ist in der Tat der Weg
der Naturwissenschaft der einzige, der uns wenigstens
einigen Aufschluß über diese natürliche Geometrie verschaffen kann? Ja, ist er überhaupt ein gangbarer Weg?

IV.

Die idealistische Raumtheorie.

Hier dürfen wir nun nicht verhehlen, daß schon die zuletzt aufgeworfene Frage, auf die es offenbar vor Allem ankommt, von nicht Wenigen mit einem entschiedenen NEIN beantwortet wird. Gewisse Philosophen glauben wirklich einen anderen Zugang zur natürlichen Geometrie zu kennen oder zu dem, was in ihrem System unserer natürlichen Geometrie entspricht; einen Weg, auf dem sie mit erstaunlicher Schnelligkeit zum Ziele kommen, und zwar gerade bei der Euklidischen Geometrie anlangen; womit natürlich auch alle zuvor aufgeworfenen Fragen ein- für allemal erledigt sind und .zu Aller Freude diese ganze, von den argen Mathematikern so höchst zweckloserweise ersonnene Schwierigkeit aus der Welt geschafft ist.

Wir können nicht auf alle diese vielfach variierten und in wechselnder Sprache vorgetragenen Argumentationen ausführlich eingehen. Es muß genügen, den ihnen allen zugrunde liegenden Gedanken so darzustellen, wie er in unserer Sprache, in der Sprache des Realisten, etwa auszudrücken sein wird.

Die philosophischen Schriftsteller, von denen wir reden, versuchen durch Selbstbeobachtung unsere oder vielmehr ihre eigene Raumvorstellung oder Raumanschauung zu analysieren, die ja gewiß Voraussetzung und Mittel aller menschlichen Erfahrung ist, wo immer es sich um räumliche Verhältnisse handelt, und zu der folglich, wie unsere Autoren meinen, keine Erfahrung je in Widerspruch treten kann. Die von ihnen mit einer nicht überall als schmeichelhaft empfundenen Anspielung „Metageometrie" genannte Nicht-Euklidische Geometrie wird — als Hypothese über die Struktur unseres Raumes — deshalb abgelehnt, weil man sich eine solche Geometrie nicht „vorstellen" kann. Die Euklidische Geometrie dagegen, so wird behauptet, finden wir, mindestens als erwachsene Menschen von normaler Geistesbeschaffenheit und der Anlage nach, in unserer Raumanschauung vor, und sie ist deren **genauer** Ausdruck und Inhalt. Um das einzusehen, braucht man (das scheint die Meinung zu sein) weder Hypothesen noch Erfahrung, sondern nur „reines Denken" und nicht einmal Mathematik. Die Anwendbarkeit der so gefundenen Euklidischen Geometrie auf die wirkliche Welt ist nach dieser Ansicht selbstverständlich.

Kein Geringerer als **Helmholtz** hat diese Ideen mit einer Gründlichkeit widerlegt, die Nichts zu wünschen übrig läßt, ohne freilich hindern zu können, daß der anscheinend getöteten Hydra immer neue Köpfe nachwuchsen. Wir werden die Hydra erst recht nicht umbringen können, wollen aber doch auseinandersetzen, worin wir einige Grundfehler der vorgeführten Argumentation (es gibt noch weitere) finden müssen. Zunächst bleibt nämlich in dieser eine klar zutage liegende und daher wohlbekannte, auch von Vertretern der physiologischen Psychologie nunmehr schon vielfach wissenschaftlich untersuchte Tatsache gänzlich unbeachtet: Die im Grade wechselnde, aber stets vorhandene **Verschwommenheit** jener als **Raumanschauung** bezeichneten Fähigkeit oder Tätigkeit des menschlichen Geistes, Körper körperlich (etwa nach Höhe, Breite und Tiefe, doch ohne verstandesmäßige Analyse) sich vorzustellen; einer Tätigkeit, die eben um der Undeutlichkeit aller ihrer Objekte, aller Vorstellungsbilder von Körpern willen zu beinahe allem Möglichem gleich gut und gleich schlecht paßt.

Der „Raum" unserer Vorstellungswelt ist sicher etwas von dem empirischen Raume völlig Verschiedenes. Er ist so verschieden von ihm, wie unsere Vorstellungen und Phantasiebilder der Körper von den Körpern selbst verschieden sind. Niemand kann sich die Entfernung von der Erde zur Sonne „vorstellen": Diese Dimensionen, so sagt ja ein Jeder, „übersteigen alle Vorstellung". Niemand kann auch nur das Längenverhältnis von zwei Maßstäben, die er dicht vor Augen hat, auch befühlen darf, für die einfachsten Anwendungen genau genug beurteilen. Niemand kann ein Stück seines Vorstellungsraumes (*sit venia verbo*) ausmessen, wie wir einen Körper und damit ein Stück des empirischen Raumes ausmessen können. Es ist absurd, zu sagen: Dieses Stück meines Vorstellungsraumes hat den Inhalt von drei Kubikkilometern. Und wie sich das Auge mancherlei Korrekturen durch die Erfahrung gefallen lassen muß, so unterliegt auch das

viel unvollkommenere Instrument unseres auf die Körperwelt angewendeten Vorstellungsvermögens einer fortwährenden Korrektur
durch die Erfahrung. Niemand verläßt sich auf sein Augenmaß,
wenn er einen noch so schlechten Zirkel zur Verfügung hat
(Helmholtz).

Unser Vorstellungsraum hat also überhaupt keine mathematische Struktur, und folglich hat er auch nicht die Struktur
des Euklidischen Systems. Nicht in irgend einer Raumanschauung,
die auch ein ganz primitiver Mensch, ja auch das höhere Tier
haben muß, finden wir z. B. die Idee der Parallelen, die sich
nirgends schneiden. Wohl aber finden wir sie ganz gewöhnlich
und oft recht fest eingewurzelt im Kopfe des Kulturmenschen,
der eine bestimmte Art von Erziehung durchgemacht hat[1]). Was
dieser um seine Unbefangenheit gebrachte und vielleicht sogar
Kant studiert habende Kulturmensch für etwas Ursprüngliches
und Einfaches hält und Raumanschauung, Raumvorstellung nennt,
ist in Wirklichkeit ein außerordentlich verwickeltes, schwer zu
zergliederndes Produkt mannigfacher Einflüsse, unter denen nur
ein einzelner Faktor den Namen Raumanschauung (im erklärten
Sinne des Wortes) verdient: Außer dieser spielen noch allerlei Sinnes-
eindrücke mit, ebenso mehr oder minder verblaßte Erinnerungen,
Übung, Schlüsse, die als solche nicht zum Bewußtsein kommen oder
deren Charakter vergessen worden ist, eigene und, *last not least*,
fremde Urteile und Vorurteile. Die eigentliche Raumanschauung
selbst aber ist wiederum komplexer Natur und weder von Person
zu Person konstant, noch konstant im Leben des Individuums:
Gesichtsvorstellungen, Tastempfindungen, Muskelempfindungen —
besonders solche in der Muskulatur des Auges —, auch Gelenk-
empfindungen haben Anteil an ihrem Zustandekommen, und ihre
Entwickelungsstufe variiert in weiten Grenzen. So ist die Raum-

[1]) Siehe z. B. Lotze, Metaphysik (2. Aufl., Leipzig 1884).
Übrigens war dieser dem Idealismus nahe stehende Philosoph vorsichtig genug, bei seiner Polemik gegen Mathematiker mit der Möglichkeit eigenen Irrtums oder Mißverständnisses zu rechnen. Ein weißer
Rabe! — Es ist schwerlich ein Zufall, daß dieses bescheidene Auftreten
den Fachvertretern gegenüber sich mit positiven Leistungen in anderen
Gebieten zusammenfindet. Bekanntlich hat sich Lotze große Ver-
dienste um die Psychologie, wie auch durch Bekämpfung der vita-
listischen Anschauungen seines Zeitalters erworben.

anschauung eines Künstlers oder die eines erfahrenen Geometers
sehr verschieden von der eines noch nicht einmal notwendig besonders
ders primitiven Menschen, dem das Verständnis für perspektivisch-
richtige Zeichnungen fehlt, und die Raumvorstellung des Blind-
geborenen kommt auf andere Weise zustande, als die des Sehenden.
„Die Sinnesempfindungen sind für unser Bewußtsein Zeichen,
deren Bedeutung verstehen zu lernen unserem Verstande überlassen ist" (Helmholtz). Zu diesen Deutungen gehört auch,
was gemeinhin Raumanschauung heißt.

Ja, so verkehrt ist die Annahme der Existenz von Euklidischen Parallelen in unserer Anschauung, daß die gerade entgegengesetzte Annahme, wonach die „Parallelen" sich (sogar
zweimal) schneiden würden, der Wirklichkeit näher kommt. Wer
auf einem Eisenbahngeleise steht, das in weiter Ebene sich gerade dahinstreckt, dem scheinen die Schienen in der Ferne zu-
sammenzulaufen. Dreht er sich herum, so hat er dasselbe Schau-
spiel. Die Schienen könnten auch wirklich zusammenlaufen, wir
vermöchten die beiden Bilder nicht zu unterscheiden. Daß es
sich anders verhält, erschließen wir aus dem Umstande, daß
Wagen darüber hinrollen. Erfahrung hat uns gelehrt, daß diese
ihre Größe nicht ändern. Nicht eine Betätigung des Anschauungs-
vermögens, noch weniger bloße Vorstellung, ein bloßes Gedächtnis-
bild belehrt uns also über den wirklichen Sachverhalt, sondern
eine Reflexion, und damit, daß wir dieser, sogar ohne Weiteres,
nachgeben, anerkennen wir die Unbrauchbarkeit der Anschauung
zur sicheren Beurteilung realer Verhältnisse. Ebenso lehrt uns
die Anschauung Falsches, wenn sie uns die Sterne auf ein
festes Himmelsgewölbe projiziert. Geradlinige Dreiecke mit drei
rechten Winkeln haben nichts auch nur entfernt Ähnliches in
unserer Anschauung, wie sie auch nichts Ähnliches im Bereich
der Erfahrung haben. Da sich aber Dreiecke denken lassen, deren
Dimensionen alle Vorstellung übersteigen, so dürfen wir das aus
der sogenannten Anschauung kleiner Dreiecke oder aus der Erfahrung an solchen Entnommene nicht sofort auf geradlinige
Dreiecke überhaupt ausdehnen wollen. Können wir doch nicht
einmal den (präzis-mathematischen) Begriff des geradlinigen
Dreiecks selbst der Anschauung oder Erfahrung ohne Weiteres
entlehnen, nämlich ohne ihr etwas hinzuzufügen oder zu
nehmen.

Die vermeintliche Vorstellbarkeit der Euklidischen Geometrie
ist mithin eine Täuschung, hervorgerufen zum Teil durch unsere
Vertrautheit mit ihren Gegenständen und durch ihre praktische
Brauchbarkeit, wohl mehr noch aber auch dadurch, daß zugleich
mit den gewöhnlichen geometrischen Begriffen in unserem Geiste
Phantasiebilder der Körper aufzusteigen pflegen, aus deren Abstraktion jene Begriffe entstanden sind. So übersehen oder
vergessen wir nur allzu leicht, daß die Geometrie es mit
Begriffen, nicht mit Anschauungen zu tun hat. Nicht
anschaulich, nicht vorstellbar, sondern nur begreiflich
sind ja schon die Abstraktionen, die wir mit den Worten
Punkt, Gerade — von unendlicher Länge! — usw. bezeichnen. Wer irgend eine Hypothese über die Struktur unseres
Raumes ablehnen will, weil ihr Inhalt nicht vorstellbar oder anschaulich ist, der müßte folgerecht auch die Euklidische Geometrie
ablehnen.

Aber selbst wenn es dem Einzelnen möglich sein sollte, von
einer nicht durch vorgefaßte Meinungen beeinflußten Raumanschauung aus zu eindeutig bestimmten Begriffen und damit zu
einer bestimmten Art von Geometrie zu gelangen, welche Gewähr
hätte er dann für die Identität dieser seiner Geometrie mit der
Vorstellungsgeometrie eines Anderen, und woher, wenn nicht
aus der Erfahrung, dürfte er die Überzeugung schöpfen, daß
gerade dieses System von Begriffen und Lehrsätzen, ungleich
zahlreichen anderen sonst ganz ähnlichen Gedankengebilden oder
Phantasiespielen des Mathematikers, zur Wirklichkeit paßt? Es
könnte ja auch irreal sein, nur die Bedeutung eines Traumes
haben, und dann würde (nach einem von Lotze gebrauchten
hübschen Gleichnis) es nicht gelingen, mit den Maschen eines
solchen Netzes die Dinge einzufangen. Es würde sich um ein rein
psychologisches Phänomen handeln — was doch keineswegs die
Meinung Derer ist, die die geschilderten oder ähnliche Ansichten
vertreten!

Nur wenn man gegenüber offenkundigen Tatsachen die Augen
schließt und gewaltsam Dinge identifiziert, die so verschieden sind
wie die Vorstellungsräume der einzelnen Menschen untereinander
und vom Raume der Erfahrung verschieden sind, kann man heute
noch auf den Gedanken kommen, sich die Eigenschaften des empirischen Raumes sozusagen aus den Fingern saugen zu wollen!

Diese Verkennung der Existenz eines subjektiven, ver-
waschenen, aber auch anpassungs- und entwickelungsfähigen Vorstellungsraumes und die entsprechende Verwechselung dieses Vorstellungsraumes mit dem starren, objektiven, empirischen Raume
stammt aus der im vorliegenden Falle durchaus nicht „kritischen"
Philosophie Kants, von der sie einen wesentlichen Bestandteil
bildet (Abschnitt II). Charakteristisch für diese Philosophie und
ihre Ausläufer ist denn auch, daß (wie schon hervorgehoben wurde)
für beide Begriffe nur ein einziges Wort „Raum" zur Verfügung
steht [1]) und daß darin dem psychologischen oder Vorstellungsraum
Eigenschaften beigelegt werden, die nur dem empirischen Raume
zukommen können — ein Irrtum, der noch im Falle der „Zeit"
ein Gegenstück hat.

Wie war es nur möglich, auf den Gedanken zu verfallen,
daß dieser Raum, der unfaßbar große, Staunen und Bewunderung
erregende, dieser Raum, der in keines Menschen Vorstellung hin-
eingeht, ein Produkt eben dieser Vorstellung oder Anschauung
sein sollte? Und doch ist, wie es scheint, eine Zeitlang so ziemlich
alle Welt in dieser Idee befangen gewesen, die der Natur, der
Gewaltigen, obendrein nur vermeintliche Eigentümlichkeiten unseres
kleinen Geistes aufzwingen wollte. Und doch sind auch heute
noch Manche in eben dieser Meinung befangen [2]). Es war eine
überaus kühne — und zugleich eine der menschlichen Eitel-
keit wohltuende Idee — wie schade, daß sie nicht richtig ist!

Auch Gauß scheint sich nicht ganz von diesen Gedanken
losgemacht zu haben. Wenigstens braucht auch er das Wort
Raum im beanstandeten Doppelsinn. Trotzdem hat Gauß das,
worauf es hier ankommt, klar erkannt. Wir besitzen von ihm

---

[1]) Bei einigen Philosophen aus der Schule Kants taucht allerdings gelegentlich ein mit künstlichen Worten „Raumordnung" oder
„Ordnung des Nebeneinander", früher auch wohl „Auseinandersein"
genanntes Ding auf, das gar nichts Anderes ist als der empirische
Raum, und sich in diesem Zusammenhang seltsam genug ausnimmt.
Es fühlt sich auch nicht wohl in der apriorischen Gesellschaft und
verschwindet sogleich wieder: Eine kleine Inkonsequenz, die weitere
Folgen nicht hat. Gerade um diesen fremden Vogel handelt es sich
aber in den von unseren Philosophen bekämpften Untersuchungen.
Siehe den weiteren Text.

[2]) Auch Mathematiker. Siehe Unterrichtsblätter für Mathematik
und Naturwissenschaften, Jahrg. XIX, Nr. 4, 1913.

Äußerungen, die keinen Zweifel lassen. Vor allen den berühmten, oft angeführten Ausspruch:

„Wir müssen in Demut zugeben, daß ... der Raum auch außer unserem Geiste eine Realität hat, der wir *a priori* ihre Gesetze nicht vollständig vorschreiben können."

Zur Begründung dieser Ansicht genügt nach Gauß' Meinung mit Recht schon ein einziges Argument: Die Unmöglichkeit, sich über die Begriffe Links und Rechts ohne Hinweis auf die materielle Welt zu verständigen. In ihr erblickte er „die schlagende Widerlegung von Kants Einbildung, der Raum sei BLOSS die Form unserer äußeren Anschauung". Und an einer anderen Stelle heißt es: „Dieser Unterschied zwischen rechts und links ist, sobald man vorwärts und rückwärts in der Ebene, und oben und unten in Beziehung auf die beiden Seiten der Ebene einmal (nach Gefallen) festgesetzt hat, in sich völlig bestimmt, wenn wir gleich unsere Anschauung dieses Unterschiedes andern nur durch Nachweisung an wirklich vorhandenen materiellen Dingen mitteilen können. Beide Bemerkungen hat schon KANT gemacht, aber man begreift nicht, wie dieser scharfsinnige Philosoph in der ersteren einen Beweis für seine Meinung, daß der Raum nur Form unserer äußeren Anschauung sei, zu finden glauben konnte, da die zweite so klar das Gegenteil, und daß der Raum unabhängig von unserer Anschauungsart eine reelle Bedeutung haben muß, beweiset" [1]).

---

[1]) Siehe Gauß' Werke 2, 177; 8, 201. Vgl. auch ebenda S. 224, 247, 248.

Die zitierte Äußerung von Gauß scheint nicht immer richtig aufgefaßt zu werden. Es handelt sich nicht nur um den Symmetriebegriff, nicht um den Gegensatz von Links und Rechts. Diesem würde vollkommen Rechnung getragen werden, wenn jeder Einzelne nach Gutdünken festsetzen wollte, welche seiner Hände er die rechte nennen will. Solche Willkür erlauben wir uns aber nicht. Wir verhindern sie durch eine gegenseitige Verständigung, die nur durch Verweisung auf Objekte der äußeren Welt erfolgen kann (zu denen auch die Körper der Menschen gehören).

Der mit der Unterscheidung Links-Rechts zusammenhängende Tatsachenkomplex wird auch in der mathematischen Literatur meistens nicht recht gewürdigt. (Siehe des Verfassers Aufsatz: Die Begriffe Links, Rechts, Windungssinn und Drehungssinn, Archiv der Mathematik und Physik, III. Reihe, **21**, 193, 1913.) Sogar der Unter-

Was erwidern nun die Philosophen, die die kritisierten An-
sichten heute noch vertreten, auf die vorgeführten, doch gewiß
nicht tief liegenden oder unbekannt gebliebenen Argumente?
Antwort: Bis jetzt NICHTS. Es ist wie wenn von der „reinen
Erkenntnis" eine hypnotisierende Kraft ausginge, die selbst die
Würdigung psychologischer Tatsachen verhindert [1]). Sogar von
Wundt werden diese, wo es sich um das Raumproblem handelt,
einfach bei Seite gestellt.   Hinzu kommen noch Unklarheiten
mathematischer Art [2]). Am deutlichsten tritt die Wurzel des
Übels, die Überschätzung der Leistungsfähigkeit des Apriorischen,
bei dem zur sogenannten Marburger Schule gehörigen idealistischen
Philosophen P. Natorp zutage [3]).

„Wir haben keine Gegenstände, nämlich dem Denken sind
keine gegeben, ehe sie durch Denken geschaffen sind." (Natorp,
S. 263.)

Das läßt an Deutlichkeit nichts zu wünschen übrig, zumal
an einer anderen Stelle (S. 85) gesagt wird: „Gegenstand heißt ja
nur: das, was erkannt werden soll..." [4]). Da hiernach der

---

schied zwischen den Begriffen Kongruenz und Symmetrie wird nicht
selten verwischt. So noch bei D. Hilbert, Grundlagen der Geometrie (2. Aufl., Leipzig 1903, S. 14).

[1]) Eine merkwürdige Zwitterstellung nimmt O. Liebmann in
seiner Analysis der Wirklichkeit ein. Bei ihm tritt die Ignorierung der
Psychologie am auffallendsten in Erscheinung. Man soll den Raum
(den Raum selbst!) sinnlich wahrnehmen, sehen und fühlen können
(S. 47). Sodann wird, in schon zitierten Äußerungen (siehe S. 34 der
vorliegenden Schrift) die Idealität des Raumes gelehrt und der un-
klare Begriff eines „empirischen Anschauungsraumes" eingeführt (S. 51,
52). Trotzdem weiß dieser Autor, man sieht nicht recht wie, sich
mit der Nicht-Euklidischen Geometrie abzufinden, die er keineswegs
bekämpft. Es müßte demnach in derselben Intelligenz mehrere empirische Anschauungsräume geben können.

[2]) Siehe die gegen Wundt (und Natorp) gerichtete Polemik bei
A. Voß, Wesen der Mathematik (2. Auflage, Leipzig 1913), S. 88 bis 96.

[3]) Die folgenden Zitate beziehen sich auf Natorps Logische
Grundlagen der exakten Wissenschaften (Leipzig 1910). Vgl. auch das
auf S. 34, 35 und S. 55 über H. Cohen Gesagte.

[4]) Freilich kann ich die Befürchtung nicht unterdrücken, daß in
dem Natorpschen Begriff des Gegenstandes doch noch irgend ein
unergründliches Geheimnis stecken muß. Denn auf S. 34 des zitierten
Buches wird der „Gegenstand" als das „genaue Korrelat des Ursprungs"
bezeichnet. Das verstehe ich nicht. Dieser Ursprung, auch „Ursprungs-
Etwas" genannt, aber ist „nach Cohen" ein „relatives Nichts", und

empirische Raum nebst Allem, was darinnen ist, ein Begriff sein muß gleich denen der reinen Mathematik, da man wie zu diesen so auch zu ihm durch die Schöpferkraft des Denkens kommt, so sollte man meinen, daß gar keine Empirie möglich wäre. Das ist aber ein Irrtum, denn:

„Die Raumordnung des Empirischen ist natürlich Sache der Empirie; sie ist nicht bloß nicht vollständig, sondern gar nicht *a priori* bestimmbar. Aber nach ihr war hier gar nicht die Frage, sondern nach den Grundbestimmungen des reinen, geometrischen Raumes" (S. 325).

Die Frage ist natürlich in der Tat nicht die nach der „Ordnung" bestimmt gegebener Dinge, nach den Entfernungen von Erde und Mond z. B.; es handelt sich vielmehr um die Eigenschaften der leer gedachten Form (des $\varkappa\varepsilon\nu\acute{o}\nu$), in der die Dinge sind. Diese Eigenschaften aber werden von unserem Autor *a priori* bestimmt:

„Sofern in Kants Begriff der »Anschauung« oder (?) Gegebenheit diese Forderung der Einzigkeit der Bestimmung wesentlich zugrunde lag, bleibt auch richtig, daß der Euklidische Raum eine notwendige Bedingung nicht des (allgemeinen, diskursiven) Denkens, sondern der »Anschauung« sei. Aber die Forderung der Einzigkeit ist selbst eine Forderung des Denkens, nur eben nicht des Denkens überhaupt, sondern des bestimmtesten Denkens, des Denkens der Existenz, welches beruht auf dem Zusammentritt aller in besonderen Richtungen des Denkens waltenden Grundgesetzlichkeiten" (usw. usw., S. 313).

In der Tat, es muß eine besonders intensive Art des Denkens erfunden werden, nach unserem Autor bestimmtestes Denken = Denken von Existenz, um eine solche These aufrecht zu erhalten.

---

zwar „der Hinweis auf das gegenüberstehende Andere und zwar Radikalere zu jedem gesetzten oder zu setzenden Einen", als dessen „faßlichster (!) Sinn" sich die „Denkkontinuität" herausstellt (S. 25), die den Ursprung gleichzeitig auch „bedingt". Dieser Ursprung, von dem noch eine Menge weiterer Eigenschaften aufgezählt werden, mit denen allen er im Grunde identisch ist, fungiert auch (vermutlich nach Cohen) als „Urquell des Logischen" (S. 26).

Daß derselbe Autor (S. 306) allen Ernstes auch Fechners Scherzfrage zu beantworten weiß, warum die Welt nur bis drei zählen kann, wird nicht überraschen. Er setzt sich über das Urteil der Fachmänner hinweg und versucht, die Dreidimensionalität des Raumes logisch zu deduzieren!

Dahin kommt man, wenn man sich dem Dogma in die Arme wirft
und sich von der Mystik hohler Worte berauschen läßt. — Wir
dürfen hiernach diese erkenntniskritischen Aufklärungen über
die „irreleitenden", mit den „alten, schier unausrottbaren Vor-
urteilen des Empirismus und Realismus" (Natorp, S. 301) ver-
quickten Lehren eines Gauß, Riemann und Helmholtz wohl
auf sich beruhen lassen.

Daß wir mit dem Vorgetragenen Jemanden überzeugen könnten,
dessen Ansichten von den unsrigen sehr verschieden und schon
einigermaßen festgewurzelt sind, glauben wir natürlich nicht[1]).
Was auch die Ursachen sein mögen, die den Einzelnen bewegen,
sich dieses oder jenes Weltbild zu formen, sicher sitzen sie in
Tiefen, in die man nicht mit dem Verstande hineinleuchten kann.
Philosophische Systeme wie Religionen wird es geben, so lange
die Menschennatur in ihrer Mannigfaltigkeit dieselbe bleibt, und
auch immer andere werden aufkommen, so lange große Kinder
immer neue Spielzeuge haben müssen. Immer werden diese Systeme und Religionen einander bekämpfen, und nie werden sie
mit Gründen viel gegen einander ausrichten. Der gesunde
Menschenverstand wird in solchen Dingen nicht gehört. Soll
man darum die Hände in den Schoß legen und Alles gehen lassen,
wie es will? Wir glauben nicht. Es gibt doch vielleicht einen
Fortschritt — den, der auf dem Heranwachsen einer neuen Generation beruht. Die Zeiten eines allgemeinen Hegelismus werden
nicht wiederkehren. Der jungen Generation aber kann man wohl
helfen, sich ein Urteil zu bilden, oder doch Denen darunter, die
das Bedürfnis haben, sich eine einheitliche Weltanschauung zu
erarbeiten. Sie mögen Alles prüfen und das Beste behalten. Wie
schwer ist es nicht für uns Alle, Widersprüche in unserem Gedanken-
system zu bemerken, die nicht durch irgend einen Zufall sich
störend aufdrängen. Die Aufmerksamkeit lassen wir uns richten
durch unsere Wünsche, und ist sie erregt, so lassen wir uns
wiederum durch diese Wünsche das Urteil fälschen. Unscheinbare
echte Münzen weisen wir zurück und gleißende wertlose lassen
wir uns aufschwatzen. Und wie viele sind nicht unter uns — ich

---

[1]) Der Mathematiker, der über solche Dinge schreibt, muß auf
ganz Anderes gefaßt sein. Siehe den schon zitierten Brief von Helmholtz bei Königsberger, II, S. 163.

denke hier nicht n u r an den Stand der Professoren —, die ihren nächsten Freunden als unbelehrbar bekannt sind? Der Lebende hat recht und der Tote immer unrecht, wenn er nicht unserer Meinung ist. Eine leichte Aufgabe ist es also nicht, sich ein Weltbild auch nur in dem Sinne zu gestalten, daß es von groben Widersprüchen frei sein soll. Ein einheitliches und der Wirklichkeit möglichst angepaßtes Weltbild gehört aber zu den höchsten Zielen geistiger Kultur, wenn auch in diesem Zeitalter des Utilitarismus und des Spezialistentums immer kleiner die Zahl Derer wird, die Sinn dafür haben. Das erste Erfordernis dazu ist die Bereitwilligkeit, Tatsachen auf sich wirken zu lassen; und das ist vielleicht schwerer, als Mancher denkt.

Wer nicht zufrieden ist mit dem Maß von Einwirkung auf die junge Generation, das ihm vom Schicksal etwa beschieden sein wird, der möge sich ein Wort Friedrichs des Großen zu Herzen nehmen, der gelegentlich sich also resolvieret haben soll: „Wenn N. N. am jüngsten Tage nicht mit auferstehen will, so mag er meinetwegen liegen bleiben."

Wir Alle aber, die wir uns mit Erkenntnistheorie beschäftigen wollen, dürfen uns ein Wort von Helmholtz gesagt sein lassen (L. Königsberger, Hermann v. Helmholtz 2, 162):

„Ich fand, daß das viele Philosophieren zuletzt eine gewisse Demoralisation herbeiführt und die Gedanken lax und vage macht, ich will sie erst wieder eine Weile durch das Experiment und durch Mathematik disziplinieren und dann wohl später wieder an die Theorie der Wahrnehmung gehen."

Der psychologische oder Vorstellungsraum, in dessen Theorie man einen „Gesichtsraum" und einen „Tastraum", sowie eine tätige Anschauung und eine Erinnerungsvorstellung unterscheidet, wird in zahlreichen Schriften in verschiedener Weise erörtert. Wir nennen, ohne Anspruch auf irgend eine Vollständigkeit, Helmholtz' Physiologische Optik (2. Ausgabe, Leipzig 1896) und zur Ergänzung Die Thatsachen in der Wahrnehmung (Berlin 1879); E. Mach, Analyse der Empfindungen (5. Aufl., Jena 1906), Erkenntnis und Irrtum (2. Aufl., Leipzig 1906); H. Poincaré, Wissenschaft und Hypothese (2. Aufl., Leipzig 1906); Enriques, Probleme der Wissenschaft (2. Teil, Leipzig 1910); W. James, Psychologie (Leipzig 1909); H. Ebbinghaus, Grundzüge der Psychologie (3. Aufl., Leipzig 1911, 2, 1913); R. Jaentsch, „Zur Analyse der Gesichtswahrnehmungen" und „Über die Wahrnehmung des Raumes" (Zeitschr. f. Psychologie, Ergänzungsbände 4, 1909 u. 6, 1911).

V.

Die realistische Auffassung des Raumproblems.
Ansatz zur Lösung.

> Die ganze Möglichkeit des Systems
> unserer Raummessungen hängt von der
> Existenz solcher Naturkörper ab, die
> dem Begriff fester Körper hinreichend
> nahe entsprechen.   Helmholtz.

Die Wahrnehmungen aus der äußeren Welt, auf die wir uns jetzt angewiesen sehen, sind zwar längst nicht so undeutlich und außerdem ungemein viel inhaltsreicher als die Objekte der sogenannten Raumanschauung; den Charakter mathematischer Präzision haben sie aber ebenfalls nicht.

Folglich läßt sich auch aus den Tatsachen der Erfahrung (ohne vorhergehenden Abstraktionsprozeß) kein System mathematischer Begriffe, kein geometrisches System deduzieren.

Aber nun haben wir das Mittel, die Erfahrung mit unserem Verstande zu bearbeiten, sie zu idealisieren, Hypothesen zu bilden und diese an stets reicher werdenden und deutlicher sprechenden, auch von uns selbst planmäßig zu leitenden Erfahrungen zu kontrollieren.

Was dürfen wir hier von Hypothesenbildung und Erfahrung, insbesondere auch vom Experiment erwarten? Antwort: Nicht mehr und nicht weniger als bei anderen Problemen der Naturwissenschaft auch.

Das Motiv zur Hypothesenbildung liegt überall darin, „daß die in der Wahrnehmung gegebenen Tatsachen für sich nicht genügen, das Gegebene in einen lücken- und widerspruchslosen Zusammenhang zu bringen". Die Hypothese ist dazu da, „den logischen Zusammenhang der Tatsachen zu vermitteln" (Wundt). Hierin besteht die Erklärung irgend eines Tatsachenkomplexes durch eine Hypothese[1]). „Das letzte Ziel alles Erklärens ist

---

[1]) Daß andere verbreitete Beschreibungen des „Erklärens" unzureichend sind, zeigt G. Heymans in den Annalen der Naturphilosophie **1**, 473 ff.

nichts anderes, als empirisch gegebene Zusammenhänge logisch zu durchleuchten" (Heymans).

Dieser Zweck kann nun unter Umständen noch durch viele Hypothesen erreicht werden. Es tritt daher in der wissenschaftlichen Praxis vielfach noch eine weitere Forderung hinzu: Die Hypothese muß zweckmäßig gestaltet, sie muß möglichst einfach sein[1]). Man wird nicht Überflüssiges in die zu bildende Hypothese hineintragen und sich nicht mit Schwierigkeiten herumschlagen wollen, deren Überwindung uns gar nicht fördern würde. Glaubt man, aus welcher Veranlassung und mit welcher Motivierung auch immer, eine Hypothese sachgemäß gebildet zu haben, so wird man vernünftige Fragen an die Natur richten können. Man wird wo möglich an eine umfassendere, nicht weit genug auszudehnende Erfahrung appellieren, wo es angeht, mit Hilfe des Experiments.

Allerdings bieten nun die naturwissenschaftlichen Hypothesen eine so große Mannigfaltigkeit dar, daß es schwer ist, viel Gemeinsames über sie auszusagen. Es gibt solche, die wir gegenwärtig als ganz unentbehrlich betrachten müssen und die daher öfter sogar fälschlich für Denknotwendigkeiten gehalten werden. Beispiele dafür sind: Die Annahme der Existenz von Dingen, die vom erkennenden Subjekt unabhängig sind. Die Annahme der Allgemeingültigkeit des Kausalitätsgesetzes in Raum und Zeit. Die atomistische Hypothese. Die Kontinuität der geologischen Entwickelung mit ihrer Anwendung auf die Organismen; und andere mehr. In diesen und vielen anderen Fällen würde ein Verzicht auf die Hypothese eine Kastrierung des Forschungstriebs bedeuten, was übrigens nicht gehindert hat, daß alle diese Hypothesen bestritten worden sind, und zwar sehr leidenschaftlich. An diese Hypothesen, denen man gegenwärtig, trotz vereinzelten Widerspruchs, eine an Gewißheit grenzende Wahrscheinlichkeit zuschreiben darf, schließen sich andere, durch eine Reihe von Abstufungen hindurch bis hinab zu bloßen Arbeitshypothesen, an die Niemand glaubt, die nur in Ermangelung eines Besseren der Orientierung dienen oder den Zweck haben, durch Veranlassung von Experimenten künftige brauchbarere Hypothesen vorzubereiten. Eine Reihe einander widersprechender Hypothesen über den so-

---

[1]) Wegen der Berechtigung dieser Forderung vgl. Abschnitt IX.

genannten Äther gehören hierher, ebenso die Annahme einer un-
vermittelten und instantanen Fernwirkung, auch die Pangenesis-
hypothese Darwins. Man kann Gründe haben, überhaupt nur
einige wenige eine Disjunktion bildende Hypothesen ernsthaft in
Betracht zu ziehen, und die Erfahrung kann dann eine eindeutige
Entscheidung liefern, wie es bei der Ptolemäischen und der Hypothese des Aristarch (der Kopernikanischen Hypothese) der Fall
war. Es gibt aber auch Hypothesen, die sich jeder Kontrolle
durch die Erfahrung entziehen und deren Inhalt wir dennoch als
so gut wie gewiß betrachten; wie die schon erwähnte, daß die
Pterodaktylier fliegen konnten.

Im Allgemeinen wird man nicht wissen können, ob man alle
Möglichkeiten in Betracht gezogen hat; es könnten z. B. die Einschränkungen, die man der Zweckmäßigkeit oder Einfachheit zuliebe der Hypothesenbildung auferlegt hat, zu stark gewesen sein.
In Fällen dieser Art darf man dann von der Erfahrung keine
bestimmte Antwort erwarten. Die Erfahrung kann uns z. B.
lehren: Wenn die Hypothesen *A*, *B*, *C*, *D* zur Wahl stehen, so
sind *A*, *B*, *C* unbrauchbar, oder, wie man zu sagen pflegt, falsch.
Es folgt aber dann nicht *per exclusionem*, daß *D* „richtig" sein
muß, sondern es ergibt sich in bezug auf *D* nur ein *Non liquet*.
Ein *experimentum crucis* gibt es also dann nicht. Bis auf Weiteres
dürfen wir uns beruhigen, eine neue Erfahrung aber kann uns
zwingen, auch *D* aufzugeben und neue Hypothesen zu versuchen.
Diese neuen Hypothesen können ganz verschieden von den alten
oder gewissermaßen nur Reinigungen von ihnen sein, beruhend
auf der Ausmerzung schädlicher Bestandteile.

Bei alledem darf nicht außer acht gelassen werden, daß
mindestens jede Hypothese, die quantitative Beziehungen annimmt,
sich auf Abstraktionen oder Idealisierungen bezieht, nicht auf
irgend einen durch die Erfahrung unmittelbar festzustellenden
Tatbestand, der sich ja auch nie in genau gleicher Weise wiederholt. Eine Hypothese an der Erfahrung prüfen, heißt
demnach nicht notwendig, Folgerungen aus ihr mit
dieser Erfahrung vergleichen. Es heißt vielmehr, jene
Folgerungen mit einer anderen Abstraktion vergleichen,
die man an Stelle der Erfahrung gesetzt hat. Die Erfahrung konnte Eigenschaften der Elemente Germanium, Scan-
dium und Gallium bestätigen, wie sie Mendelejeff auf Grund

einer Hypothese vorausgesagt hatte, die vielleicht noch nicht einmal den Namen verdiente, nur ein Ordnungsprinzip, ein Zwitterding zwischen Hypothese und Problem war [1]). Gewöhnlich aber kann man eine Hypothese nur mit anderen Hypothesen vergleichen, deren hypothetischer Charakter lediglich deshalb häufig nicht betont zu werden pflegt, weil sie als „richtig" gelten, d. h. mit zurzeit herrschenden Anschauungen in Übereinstimmung sind. Der „Prüfung" einer Hypothese kann demnach ein verwickeltes System vielleicht recht schwieriger Urteilsbildungen zugrunde liegen, und es wird die Möglichkeit nicht außer acht gelassen werden dürfen, daß man sich um sogenannte Nebenumstände nicht genug gekümmert hatte, daß der Idealisierungsprozeß in einer unzweckmäßigen Richtung verlief, oder daß Tatsachen eine unzulässige theoretische Deutung erfahren haben. Die Geschichte der Wissenschaften ist voll von Beispielen, in denen Hypothesen, die sich eine Zeitlang bewährt hatten, schließlich aufgegeben werden mußten.

Das Ergebnis dieser Überlegung ist, daß das, was uns Erfahrung über den Wert einer als Naturgesetz hingestellten Hypothese lehren kann, in der Regel, und genau genommen wohl immer, eine der folgenden Formen haben muß:

„Nach dem gegenwärtigen Stande unseres Wissens kann es so sein",

„Nach dem gegenwärtigen Stande unseres Wissens kann es nicht so sein";

und nur da, wo wir alle Fehlerquellen der Urteilsbildung genau zu übersehen glauben, dürfen wir an Stelle der zweiten Alternative eine bestimmtere Behauptung wagen, immer mit dem Bewußtsein, daß sie ein Wagnis ist:

„So ist es nicht".

Ein viel größeres Wagnis aber ist, mindestens da, wo es sich um quantitative Beziehungen handelt — wie z. B. beim Newtonschen Gesetz oder dem Satze von der Erhaltung der Energie —, die Behauptung:

„So ist es".

---

[1]) Freilich stecken auch in dieser „Erfahrung", wie in anderen Erfahrungen, wieder Hypothesen, so daß im Grunde nur ein Gradunterschied vorliegt.

Zwischen den Extremen „So kann es sein" und „So ist es"
liegt natürlich noch die Zwischenstufe des Wahrscheinlich,
und sie bezeichnet den Punkt, an dem man wohl meistens stehen
bleiben muß. Sie ist die mildere Form der Behauptung, die der
Unvollkommenheit unserer Erkenntnis Rechnung trägt.

Wir werden also in vielen Fällen von der Natur
keine eindeutige Antwort erwarten dürfen. Eine Einschränkung des Spielraums der Hypothesenbildung mag
Alles sein, was sich erreichen läßt.

Nach diesen Grundsätzen sind nun unseres Erachtens
auch die Hypothesen über die Natur des empirischen
Raumes zu beurteilen: Sie sind, und das scheint uns
nicht unwesentlich, völlig gleichartig mit sonstigen
naturwissenschaftlichen Hypothesen.

Wollen wir das Gesagte nunmehr auf das Raumproblem anwenden, so werden wir gut tun, uns bei der Hypothesenbildung
selbst durch möglichst einfache und unmittelbar zugängliche Erfahrungen leiten zu lassen. Jedenfalls dürfen wir nicht Resultate
benutzen, deren Herleitung selbst schon eine bestimmte Ansicht
über die Struktur des empirischen Raumes zur Voraussetzung hat.
Nachher erst werden wir an einem reicheren Erfahrungsmaterial
die gebildeten Hypothesen zu prüfen suchen. Dies ist ja auch
genau die Art, wie andere Hypothesen gewöhnlich zustande kommen
und weiter untersucht werden. Sie ist das Verfahren der von
Kant und einigen seiner Nachfolger so arg unterschätzten In-
duktion.

Vor Allem kommt nunmehr in Betracht, daß wir selbst im
Universum nur eine sehr beschränkte Bewegungsfreiheit haben
und daß das Raumstück, von dem uns der Lichtstrahl noch mehr
oder minder deutliche Kunde bringt, zwar über alle Vorstellung
groß, aber doch ebenfalls beschränkt ist.

Primitive Erfahrungen, von denen wir versuchsweise ausgehen können, liefern uns nun, als greifbare Repräsentanten gewisser von ihnen erfüllter Raumstücke, die im gemeinen Leben
starr genannten Körper.

Zu diesen Körpern gehört die Erde; wir dürfen sie für
unseren Zweck nicht nur als „starr", sondern auch als „ruhend"
betrachten und können dann die Lage anderer Körper im Ver-

hältnis zu ihr bestimmen [1]). Soweit die Beobachtung ein Urteil
erlaubt, können wir dann jede mehr oder minder deutlich bezeichnete Stelle eines geeigneten anderen „starren" Körpers mit
jeder für uns erreichbaren Stelle „im Raume" durch Bewegung
zur Deckung bringen. Wir können dann diese Stelle, etwa
eine vorspringende Ecke unseres Körpers, annähernd festhalten
und — immer im Verhältnis zur Erde — den Ort betrachten,
den eine zweite Stelle des Körpers dann noch einnehmen kann.
Dieser Ort ist, was man im gemeinen Leben — nicht im strengen
mathematischen Sinne — eine Kugelfläche nennt. Man kann
dann zwei Stellen des Körpers festhalten und wieder die Örter
der übrigen Stellen betrachten usw. Dabei wird man bemerken,
daß jede Ortsänderung, die wir einem „starren" Körper aufzwingen mögen, zu ihrem Ablauf Zeit braucht und durch Ver-
mittelung von Zwischenlagen erfolgt, die ein Kontinuum zu bilden
scheinen. In jeder Lage aber scheint uns der Körper „dieselben"
Eigenschaften zu haben, derart, daß der Weg, auf dem die Überführung von einer ersten Lage in eine zweite erfolgt, gar keine
Rolle spielt, und ebensowenig das zur Überführung verbrauchte
Maß von Zeit. Daher darf von dem Weg wie vom Zeitmaß
abstrahiert werden. Wir dürfen und müssen sogar ferner annehmen, daß wir mit diesen, wenn auch noch so rohen Erfahrungen über den im Raume befindlichen Körper auch gewisse
Eigenschaften dieses unseres Raumes selbst annähernd festgestellt
haben. Denn es findet sich, daß die genannten Eigenschaften
zum Teil auch von der Beschaffenheit der einzelnen „starren"
Körper selbst unabhängig sind. Betrachten wir z. B. einen zweiten
„starren" Körper in Form eines geöffneten Zirkels. Auch ihn
können wir im Raume herumbewegen. Können wir aber die
Zirkelspitzen an irgend zwei Stellen des ersten Körpers in seiner
ersten Lage aufsetzen, so können wir sie immer — wie es scheint
— auch an den entsprechenden Stellen in der zweiten Lage aufsetzen, einerlei wiederum, wie und wie lange wir den Zirkel in-
zwischen bewegt haben, und auch unabhängig von der Reihenfolge
der beiden Zirkelspitzen. Wir dürfen schließen, daß die

---

[1]) Handelte es sich nicht nur um Geometrie (sondern auch um
den Aufbau einer Mechanik), so würden wir die Erde nicht immer als
Bezugskörper brauchen können.

zwei Stellen des Raumes, die von zwei Stellen eines
starren Körpers eingenommen werden, eine Eigenschaft
haben müssen, die von der Natur dieses Körpers unabhängig ist und allen Stellenpaaren gemeinsam zukommt, die von
„denselben" zwei Stellen dieses oder eines anderen beweglichen
starren Körpers eingenommen werden können, auch bei Ver-
tauschung der beiden Stellen erhalten bleibt. Es müssen in
diesen Beobachtungen gewisse Eigenschaften der natürlichen Geometrie zum Ausdruck kommen, wenn auch in
noch so undeutlicher und verschleierter Form.

Hier setzt nun die Hypothesenbildung ein. Wir dürfen und
müssen, wenn wir überhaupt weiter kommen wollen, nach Systemen
präziser („geometrischer") Begriffe suchen, die uns erlauben, an
Stelle der vagen Aussagen bloßer Empirie genau formulierte Aussagen zu setzen, die jenen parallel laufen, und sie in der Weise
vertreten, wie überall in physikalischen Theorien Abstraktionen die
Erscheinungen vertreten. Wir haben die schon genannten Gründe
zu der Annahme, daß dem Raume selbst eine präzise Struktur zukommt, daß die Ungenauigkeit unserer Beobachtungen auf Rechnung
der benutzten Körper und der Beschaffenheit der beobachtenden
Subjekte zu setzen ist. Wir müssen also an Stelle unserer Erfahrungen Ideen setzen, wir müssen sie idealisieren, was immer der erste
Schritt zur Hypothesenbildung ist. Aber nicht alle Hypothesen
und Theorien, die das leisten mögen, können uns gleich lieb sein,
gleich brauchbar erscheinen: Wie überhaupt in den Naturwissenschaften, werden wir ein solches Ziel auf eine möglichst einfache Weise zu erreichen suchen.

. Freilich, jetzt erhebt sich die Frage: „Was heißt einfach?"
Sie wird sich allgemein so wenig beantworten lassen wie die
andere: „Was ist Wahrheit?" Im konkreten Falle aber werden
vielleicht sehr verschiedene Meinungen möglich sein.

, Glücklicherweise liegt die Sache hier nicht so schlimm, wie
es allerdings unter Umständen der Fall sein mag. Niemand hat
ja noch in Frage gestellt, daß das Euklidische System unseren
Forderungen wirklich genügt. Sehen wir also zu, was wir aus
dieser Antwort lernen können, die gewiß „einfach" oder „zweckmäßig" ist, aber vielleicht nicht allein diese Epitheta verdient [1]).

---

[1]) Von hier an müssen wir Bekanntschaft des Lesers mit der
gewöhnlichen analytischen Geometrie voraussetzen.

Im Euklidischen System wird nun zunächst das, was wir „Stelle" im Raum genannt hatten, durch den abstrakten Begriff Punkt ersetzt, der in der analytischen Theorie, in der Cartesischen Koordinatengeometrie, greifbar wird als Zahlentripel (x_1, x_2, x_3), und im Grunde gar nichts anderes ist als ein solches Zahlentripel [1]). Zweitens werden die Zuordnungen von Stellen im Raume, die wir Bewegungen genannt hatten, als Transformationen idealisiert, die jedem Zahlentripel (x_1, x_2, x_3) ein anderes (x_1^*, x_2^*, x_3^*) oder also jedem „Punkt" einen anderen Punkt zuordnen. Diese Transformationen, die ebenfalls Bewegungen (*déplacements*) heißen, sind durch zwei Eigenschaften charakterisiert: Wie die physischen Bewegungen es zu tun mindestens scheinen, so bilden sie wirklich ein Kontinuum — ein Kontinuum im strengen mathematischen Sinne des Wortes. Dann aber und vor Allem lassen sie eine Funktion ungeändert, die von zweien jener Zahlentripel abhängt, das Entfernungsquadrat

$$(y_1 - x_1)^2 + (y_2 - x_2)^2 + (y_3 - x_3)^2.$$

Hierin haben wir die mathematische Idealisierung jener etwas nebelhaften Eigenschaft von zwei „Stellen" des empirischen Raumes zu erblicken, von der vorhin die Rede war.

Eine andere ebenfalls besprochene Eigenschaft der physischen Bewegungen kommt jetzt auf ähnliche Weise in der Tatsache zum Ausdruck, daß die nunmehr Bewegungen genannten Transformationen eine Gruppe bilden [2]), und zwar eine Gruppe mit sechs Parametern. Wir können zunächst durch Transformationen unserer Gruppe jedem Punkte x irgend einen anderen x^* zuordnen. Halten wir einen Punkt x fest, so kann sich ein anderer Punkt y noch, und zwar frei auf einer Kugelfläche bewegen, das heißt, der zugeordnete Punkt oder das entsprechende Zahlentripel genügt der Gleichung

$$(y_1^* - x_1)^2 + (y_2^* - x_2)^2 + (y_3^* - x_3)^2$$
$$= (y_1 - x_1)^2 + (y_2 - x_2)^2 + (y_3 - x_3)^2,$$

---

[1]) Siehe die Ausführungen zu Schluß des Abschnitts.

[2]) Die Bewegungen sind unbedingt zusammensetzbar, je zwei können in willkürlicher Folge hintereinander ausgeführt werden, und sie ergeben dann wieder eine Bewegung; zu jeder Bewegung gehört eine zweite, die zu ihr inverse oder entgegengesetzte Bewegung.

und dieses ist die einzige Beziehung, die zwischen den Zahlen-
tripeln (y_1, y_2, y_3) und (y_1^*, y_2^*, y_3^*) besteht. Halten wir dann
noch einen zweiten Punkt, den Punkt y fest, so kann sich ein
nicht zu speziell gewählter dritter Punkt z im gleichen Sinne
noch frei auf einer Kreislinie bewegen. Halten wir auch diesen
Punkt noch fest, so liegen alle Punkte fest. Die allgemeine Transformation unserer Gruppe hängt daher von $3 + 2 + 1 = 6$ Parametern (sogenannten wesentlichen Parametern) ab. Schließlich
haben wir auch den Begriff des physisch-starren Körpers idealisiert.
Wir können jetzt, von „zufälligen“, d. h. einer Abänderung fähigen
Eigenschaften des physischen Körpers abstrahierend, den Inbegriff
a l l e r Punkte x als „starrer Körper“ fassen. Dieser Inbegriff
wird „bewegt“ oder „in eine zweite Lage übergeführt“ eben dadurch, daß man durch eine der erklärten Transformationen jedem
einzelnen Punkte x einen zweiten x^* zuordnet[1]). Figuren, die auf
diese Art zur Deckung gebracht werden können, heißen äquivalent
oder, mit dem in dieser speziellen Theorie gebräuchlichen Ausdruck, k o n g r u e n t.

    In alledem haben wir, wie wiederholt schon bemerkt wurde,
eine in der Erfahrung bewährte und zugleich, den Umständen
entsprechend, möglichst einfache Theorie vor uns, die den hier
gestellten Forderungen genügt. Aber sie braucht nicht die einzige
zu sein. Was ist an diesem doch immerhin etwas dogmatischen
Lehrgebäude wesentlich, was kann man aufgeben, ohne gegen
die Forderung einer zweckmäßigen Hypothesenbildung zu ver-
stoßen?

    Nicht aufgeben wollen wird man jedenfalls die Abstraktion
des Punktes nebst der Hypothese, daß diese Punkte ein drei-
dimensionales Zahlenkontinuum bilden. Es ist allerdings schon
die Idee aufgetaucht, der empirische Raum samt allen darin sich
abspielenden Naturvorgängen sei vielleicht in Wirklichkeit dis-
kontinuierlich und erschiene uns nur anders, die Welt sei also
gewissermaßen ein Kinematograph großen Stils. Aber wir fürchten
keinen Widerspruch der Physiker, wenn wir behaupten, daß das eine
mathematische Schrulle ist, mit der Niemand etwas anfangen kann.

---

[1]) So bedient man sich in der Kinematik eines beweglichen
Trieders. Wird dieses bewegt, so bewegt sich auch jeder mit dem
Trieder starr verbundene Punkt in bestimmter Weise. — Man denke sich
den ganzen Raum doppelt überdeckt.

Hier wie überall hat der gesunde Menschenverstand, der nicht Privileg der Mathematiker ist, ein Wort mitzureden. Höchstens kann man verschiedener Meinung darüber sein, ob die Hypothese des dreidimensionalen Zahlenkontinuums geradezu an die Spitze gestellt werden und nicht vielmehr als Folgerung aus anderen „einfacheren" Annahmen abgeleitet werden soll [1]).

Will man weiter gehen, so kommt man in große Schwierigkeiten, die die Entstehung einer ausgedehnten Literatur veranlaßt haben. Schon die wenigen Tatsachen aus dem Gedankenkreise der Euklidischen Geometrie, die hier erwähnt worden sind, sind nicht voneinander unabhängig, und in mannigfacher Weise kann man aus ihnen und mehr noch aus ihren weiteren Folgerungen solche auswählen, die zur Charakterisierung der Euklidischen Geometrie hinreichen.

Größere Schwierigkeiten noch bietet die Aufgabe, mit der wir es hier zu tun haben: Die Hypothesen, aus denen sich die Euklidische Geometrie ergibt, durch andere zu ersetzen, die immer noch „einfach", immer noch „zweckmäßig" sind (sich samt ihren Folgerungen ebenso wie das Euklidische System an die vorgeführten Erfahrungstatsachen anlehnen), und dann aus diesen Hypothesen die zugehörigen geometrischen Systeme — die natürlich als widerspruchsfrei nachgewiesen werden müssen — zu deduzieren.

Wir können über die erwähnten zahlreichen Untersuchungen, die sich zwar meistens nicht ausdrücklich auf unser Problem beziehen, aber doch durch dieses veranlaßt worden sind und es tatsächlich zu lösen suchen, nicht einmal referieren: Wollten wir alles zum Verständnis Nötige beibringen, so würde ein solches Referat sicher mehrere Druckbogen umfassen, vielleicht aber auch selbst ein kleines Buch werden. Außerdem würde es wahrscheinlich über kurz oder lang überflüssig werden und durch eine sehr

---

[1]) Hierüber gehen in der Tat die Ansichten sehr auseinander. Uns scheint das Geschmackssache zu sein, man kann darüber wohl dogmatisch, nicht aber auf eine für Andere bindende Art entscheiden. Dem Physiker wird vermutlich die Ansicht sympathisch sein, wonach die Auffassung des empirischen Raumes als Zahlenkontinuum (x_1, x_2, x_3) eine Grundtatsache ist, die an die Spitze gestellt, nicht aus Anderem auf mehr oder minder künstliche Weise deduziert werden soll. Siehe Abschnitt X.

verbesserte Darstellung ersetzt werden können. Wir bescheiden
uns also, das zu sagen, was hier, wo ein erkenntnistheoretisches
Interesse im Vordergrund steht, auch genügen darf. Das über-
einstimmende Ergebnis aller der erwähnten, in ihren Ausgangs-
punkten sehr verschiedenartigen Untersuchungen ist:

Unter den verschiedenen an sich zulässigen Hypothesen, die man über die natürliche Geometrie machen
kann, sind ernsthaft in Betracht zu ziehen nur die
Euklidische und die verschiedenen Arten sogenannter
Nicht-Euklidischer Geometrie.

Was sonst die Phantasie des Mathematikers sich ausdenken
mag, ist alles viel zu verwickelt und führt zu Folgerungen, die
zwar der Erfahrung nicht zu widersprechen brauchen, aber doch
in ihr keinerlei Motivierung finden. Man kann zum Beispiel die
Tatsachen der Erfahrung auch in der Weise idealisieren, daß
nur hinreichend kleine „starre Körper" in beschränktem Bereich
eine ähnliche Art der Beweglichkeit erhalten, wie die physisch-
starren Körper, während unter anderen Umständen eine Verringerung der Beweglichkeit der idealisierten starren Körper eintritt.
Derartiges ist zulässig, aber nutzlos verwickelt; keine Erfahrung
gibt uns Anlaß, solche Annahmen zu machen.

Wir haben für die Nicht-Euklidischen Hypothesen
wie für die Euklidische genügendes Induktionsmaterial,
für andere aber nicht.

Erläuterungen.

Einige Stellen der vorausgehenden Darlegung mögen vielleicht
nicht ohne Weiteres allgemeinverständlich sein. Wir fügen daher
dem Gesagten noch einige Ergänzungen hinzu (durch deren Ein-
schaltung an früheren Stellen der Gedankengang zu sehr gestört
worden wäre).

Worauf es ankommt, ist die Einsicht, daß neben der üblichen
„analytischen Geometrie", der Cartesischen Koordinatengeometrie
der Lehrbücher, noch eine andere möglich ist, die wohl noch eher
den Namen analytische Geometrie verdient; eine Art der „Geometrie", die sich von jener nicht im Gedankeninhalt, wohl aber in
der Art ihres Aufbaues unterscheidet. Diese Art von Geometrie
nämlich, oder, wenn man das Wort Geometrie hier vermeiden

will[1]), dieses System mathematischer Begriffe, bedarf nämlich zu
seiner Herleitung nur gewisser Begriffe der Analysis, zu der es
demnach gehört und von der es einen Bestandteil bildet; wohin-
gegen die gewöhnliche analytische Geometrie außer der Analysis (oder Bestandteilen von ihr) auch noch das (Euklidische)
System der Elementargeometrie zur Voraussetzung hat.

Sehen wir uns den Aufbau der Koordinatengeometrie in
irgend einem Lehrbuch an, so finden wir überall, daß gewisse
geometrische Begriffe, wie Punkt, Gerade, Ebene, Rechtwinklig-
keit und Anderes als schon bekannt angenommen werden: Diese
werden, wir wollen nicht untersuchen mit welchem Rechte[2]), der
Geometrie der Alten entnommen, wie sie auf unseren Schulen
gelehrt wird.

Für den in die Koordinatengeometrie Eindringenden handelt
es sich nun zunächst darum, den genannten, fertig mitgebrachten
Begriffen andere, ebenfalls schon fertig bereitstehende Begriffe,
solche der Analysis, zuzuordnen. So wird dem Punkt ein System
von drei Zahlen, das Tripel seiner (wie wir der Kürze halber annehmen wollen, rechtwinkligen) Cartesischen Koordinaten gegenübergestellt; dieses Tripel dient als analytisches Äquivalent oder
Bild des Punktes. Ebenso wird eine Ebene, wie man sagt, dargestellt durch eine lineare Gleichung zwischen den Koordinaten
eines Punktes: Diese Gleichung ist das analytische Bild der
Ebene. Und so weiter: Der ganze Inhalt der Elementargeometrie
wird in eine andere Sprache, die Sprache der Analysis, übersetzt.

Aber die Analysis ist viel inhaltsreicher als die Elementargeometrie. Es kommt daher weiter darauf an, ihren Gedankeninhalt nach Möglichkeit umgekehrt in die dem Geometer vertraute
Sprache zu übertragen, eine Übersetzung im umgekehrten
Sinne vorzunehmen. Die Elementargeometrie wird dadurch selbst
erweitert; es werden ihr zahlreiche neue Gedanken einverleibt,
und so entsteht schließlich das System der Cartesischen Geometrie,
in dem geometrische Gedanken und solche der Analysis unlösbar
verschmolzen zu sein scheinen.

Der Erkenntniswert dieser Cartesischen Geometrie, die
Möglichkeit ihrer Anwendung auf den empirischen Raum, pflegt
nicht noch besonders untersucht zu werden. Man nimmt für die

---

[1]) Siehe Abschnitt X.
[2]) Vgl. Lobatschewskij bei Engel, Lob. I, S. 79.

Elementargeometrie der Alten, auf der ja das ganze Gebäude
ruht, einen solchen Erkenntniswert als schon festgestellt an. Und
in der Tat versteht sich dann der Erkenntniswert der Koordinatengeometrie von selbst. Man kann sagen, daß jeder Tischler, jeder
Bauhandwerker täglich Erfahrungen macht, in denen die (angenäherte) Realisierbarkeit des abstrakten Begriffssystemes der
elementaren und auch der Koordinatengeometrie zum Ausdruck
kommt; Erfahrungen, aus denen auch umgekehrt durch Idealisierung die Elementargeometrie samt der Koordinatengeometrie
gewonnen werden kann, und aus denen jedenfalls die erste im
Altertum auch wirklich gewonnen worden ist. Solche Erfahrungen
werden in Gestalt von Zeichnungen und Modellen auch beim
Aufbau der elementaren wie der Koordinatengeometrie fortwährend
benutzt. Die Gedanken des Lernenden werden und bleiben überall auf die Welt der Wirklichkeit gerichtet,
die ihn umgibt, und es ist das sicher ein großer Vorzug des
geschilderten Betriebs der Geometrie. Mit diesem Vorzug sind
aber auch Gefahren verbunden: Diese liegen darin, daß die fort-
währende Verweisung auf nichtlogische Momente, der Gebrauch
von Figuren und Modellen, nur gar zu sehr geeignet ist, dem
Geometer den logischen Charakter seiner Gedankenoperationen zu
verhüllen. Wie jeder Kenner der Literatur weiß, sind Erfahrung
und Anschauung, unvollkommen wie sie beide sind, Quellen zahl-
reicher Fehler geworden — nicht nur falscher Beweise, sondern
auch materieller Irrtümer. Und daß auch tüchtige Mathematiker
solche Mißgriffe begangen haben, zeigt, daß es nicht immer leicht
ist, sie zu vermeiden.

Um das geschilderte System der Geometrie von dem nunmehr zu skizzierenden bequem unterscheiden zu können, wollen
wir es als konkrete (Euklidische) Koordinatengeometrie
bezeichnen. Konkret nennen wir es, wiewohl es im Grunde doch
abstrakt ist, weil es überall, sei es direkt, sei es durch Ver-
mittelung der Anschauung, auf den Raum der Erfahrung Bezug
nimmt; das nun zu skizzierende System aber soll im Gegensatz dazu abstrakte (Euklidische) Koordinatengeometrie
heißen.

Zu diesem zweiten System gelangen wir nun von der Bemerkung aus, daß jene Formeln der Analysis, die Punkten,
Ebenen usw., wie wir gesagt hatten, als Bilder dienen, eine

Welt für sich sind. Eben weil sie der Analysis angehören, nehmen sie an deren Vorzug teil, von aller Erfahrung unabhängig zu sein. Sie sind apriorisch, nicht nur im Sinne von Kant, für den auch die Raumanschauung apriorisch ist, sondern in dem noch engeren Sinne, in dem die Logik es ist. So wenig der Zahlbegriff abhängt von der Existenz von Äpfeln und Nüssen, an denen wir vielleicht einmal zu zählen gelernt haben, ebensowenig hat man zur Aufstellung jener Formeln Figuren oder Modelle, oder auch nur die Begriffe nötig, die aus ihnen abstrahiert sind, und nicht einmal die Existenz eines empirischen Raumes braucht bei Aufstellung solcher Formeln anders benutzt zu werden, als zu ihrer Aufzeichnung auf dem Papier.

Wenig zweckmäßig würde es allerdings sein, wollte man bei Ausführung des hiermit gegebenen Gedankens so weit gehen, auch die einfache und suggestive geometrische Terminologie zu vermeiden. Man würde sich dann vor die Alternative gestellt finden, entweder fortwährend unerträglich schleppende Redewendungen zu gebrauchen, oder eine ganz neue, notwendig sehr willkürliche Terminologie auszubilden. Beides ist unnötig, es genügt, die vorhandene Terminologie zu benutzen und sie auf eine solche Art zu erklären, daß der Sinn von Worten wie Punkt, Ebene nicht schon als gegeben gilt. Man wird also zum Beispiel nicht mehr sagen dürfen: „Ein Punkt wird durch ein System von drei Zahlen x_1, x_2, x_3 dargestellt" oder „es wird ihm dieses Zahlentripel zugeordnet", sondern man muß in der zu erklärenden abstrakten Koordinatengeometrie sagen:

Das System jener drei Zahlen ist der Punkt.

Man sieht, daß, wenn man das Wort Punkt hier überhaupt gebrauchen will, man gar nicht anders zu Werke gehen kann.

Die Vorzugsstellung, die der Zahl Drei hier eingeräumt wird, stammt aber auch noch aus der Welt der Erfahrung, die Analysis kennt sie nicht. Man wird also zweckmäßigerweise gleich noch einen Schritt weiter gehen mit der Erklärung:

Ein System von n geordneten Zahlen x_1, x_2, ... x_n wird Punkt genannt.

Hieran schließen sich dann weitere Definitionen, von denen hier nur einige der ersten zusammengestellt werden sollen:

Der Inbegriff aller Punkte heißt Raum von n Dimensionen; man sagt, daß die Punkte in diesem Raum ent-

halten sind oder in ihm liegen; der aus den Koordinaten
zweier Punkte x, y gebildete Ausdruck

$$(y_1 - x_1)^2 + \cdots + (y_n - x_n)^2$$

heißt Entfernungsquadrat dieser Punkte. Eine auf alle
Punkte, also auf die zugehörigen Zahlen-n-tupel anzuwendende
Transformation:

$$x_\varkappa^* = c_{\varkappa 0} + c_{\varkappa 1} x_1 + \cdots + c_{\varkappa n} x_n,$$
$$y_\varkappa^* = c_{\varkappa 0} + c_{\varkappa 1} y_1 + \cdots + c_{\varkappa n} y_n, \qquad (\varkappa = 1, \ldots, n)$$
$$\cdots\cdots\cdots\cdots\cdots\cdots\cdots\cdots\cdots$$

heißt Bewegung, wenn sie das Entfernungsquadrat von je
zwei Punkten nicht ändert, und wenn außerdem ihre Determinante

$$\left| c_{11} \, c_{22} \, \cdots \, c_{nn} \right|$$

den Wert Eins hat; zwei Systeme von Punkten x, y, z, $\ldots$ und
x^*, y^*, z^*, $\ldots$ heißen kongruent, wenn das erste in das zweite
durch eine Bewegung übergeführt werden kann, usw. usw.

Nunmehr können wir die analytische Disziplin, die wir als
abstrakte Euklidische Koordinatengeometrie bezeichnen
wollen, in der gewünschten Weise definieren, nämlich ohne alle
Beziehung auf irgend eine Erfahrung oder Anschauung:
Wir fassen Punkte zu Systemen (und eventuell solche Systeme zu
Systemen von Systemen) zusammen, die Figuren genannt werden.
Die genannte Disziplin ist dann die Lehre von solchen
Eigenschaften dieser Figuren, die allen untereinander
kongruenten Figuren gemeinsam zukommen[1].

Ob die vorgetragenen Gedanken jemals folgerecht durch-
geführt worden sind, wissen wir nicht. Jedenfalls aber liegt Derartiges dem modernen Mathematiker sehr nahe, und eben darum
mag es vielleicht unterblieben sein. Jeder, der in den Geist der
gewöhnlichen (konkreten) Koordinatengeometrie eingedrungen ist,
muß imstande sein, das Skelett, auf dessen Vorzeigung wir uns

---

[1] Die Grundsätze, von denen wir hier ausgehen, finden sich
zum Teil entwickelt in der sehr wertvollen, von geometrischen
Schriftstellern aber meist nicht oder zu wenig gewürdigten Schrift
von F. Klein: Vergleichende Betrachtungen über neuere
geometrische Forschungen (Erlangen 1872; abgedruckt in den
Math. Ann. 43).

beschränkt haben, mit Fleisch und Blut zu umkleiden. Wir denken uns, daß der Leser das auf eigene Rechnung ein Stück weit ausgeführt hat, und fragen, was damit gewonnen sein wird. Dieser Gewinn ist nun, wie uns scheint, sehr bedeutend. Wir wollen ihn, über unser eigentliches Programm hier hinausgehend, nicht nur von der erkenntnistheoretischen, sondern auch von der mathematischen Seite her kurz betrachten.

1. Während bei der konkreten Koordinatengeometrie, die, wenn auch unter Mitwirkung der Analysis, durch Idealisierung der genannten Erfahrungen gewonnen worden ist, eben um dieses ihres Ursprunges willen die Möglichkeit einer Anwendung auf den Raum der Erfahrung von vornherein feststeht, muß für die erklärte abstrakte Koordinatengeometrie eine solche Möglichkeit, soweit sie überhaupt vorhanden ist, nachträglich ermittelt werden. Es findet sich, daß nur im Falle $n = 3$ engere Beziehungen von ihr zum empirischen Raume vorhanden sind.

Man hat z. B. eine, wenn auch sehr unvollkommene, Realisierung der „Ebenen" $x_1 = 0$, $x_2 = 0$, $x_3 = 0$ in drei senkrecht zusammenstoßenden Wandflächen eines Zimmers; „Punkte" mit hinreichend kleinen, z. B. positiven Koordinaten x_1, x_2, x_3 werden annähernd realisiert als Stellen im Inneren des Zimmers. Die Quadratwurzel aus dem Entfernungsquadrat von zwei Punkten kann mit Hilfe des Metermaßes annähernd ermittelt werden; usw.

Daß nun diese Verschiebung der erkenntnistheoretischen Seite unseres Gegenstands einen wirklichen Gewinn bedeutet, erhellt aus zwei Überlegungen.

Zunächst nämlich wird sich nicht leugnen lassen, daß in dem historisch überlieferten Gedankengang der analytisch-geometrischen Lehrbücher logische und erkenntnistheoretische Momente in schwer zu trennender Weise durcheinander laufen. Wir hatten schon der Fehler gedacht, die durch Berufung auf Anschauung und Erfahrung in die Geometrie gekommen sind. Von unserem Standpunkt aus aber werden Logik und Erkenntnistheorie reinlich geschieden. Das logische System muß in der Hauptsache fertig sein, ehe man daran denken kann, Anwendungen davon zu machen; und darin liegt ein heilsamer Zwang zur Einführung strenger Beweismethoden. Der Unterschied zwischen unserer abstrakten Euklidischen Koordinatengeometrie und ihrer Anwendung auf die uns

umgebende Welt ist derselbe wie der zwischen reiner
und angewandter Mathematik überhaupt. Daß aber die
reine Mathematik ohne Verquickung mit Anschauung oder Erfahrung entwickelt werde, ist eine sonst überall anerkannte Forderung. Der suggestiven Wirkung nicht-logischer Momente ist für
den Erfahrenen durch Gebrauch einer geometrischen Terminolo-
logie schon genügend Rechnung getragen.

Zweitens ist es eine Täuschung, wenn man glaubt, daß
durch den Ursprung der Elementargeometrie aus einfachen Erfahrungen deren Anwendbarkeit auf den empirischen Raum schon
hinreichend gesichert sei. Vielmehr muß auch die konkrete Geometrie sich erst noch durch Versuche in großem Maßstab bewähren; sie bedarf dann solcher Erfahrungen, wie sie nur die
höhere Geodäsie und die Astronomie bieten können. Diese Wissenschaften können nun nicht ohne Koordinaten auskommen. Damit
werden aber die konkrete Koordinatengeometrie und die abstrakte
in bezug auf ihre Bewährung an der Erfahrung auf gleiche Stufe
gestellt, der Vorteil, den die konkrete Geometrie in dieser Hinsicht zunächst zu haben scheint, wird als illusorisch erkannt.

2. Zu diesen erkenntnistheoretischen Gesichtspunkten kommt
noch eine Reihe von mathematischen. Evident sind die größere
Allgemeinheit der abstrakten Koordinatengeometrie und die gleich-
artige Behandlung des Gleichartigen, die in der konkreten Koordinatengeometrie mit ihrer immerwährenden Verweisung auf die
Anschauung durchbrochen wird. Von noch größerer Bedeutung
aber ist wohl ein anderer Umstand:

3. Wie die Analysis ohne Einführung imaginärer Größen
praktisch nicht auskommen kann, so kann auch die Geometrie,
wenn sie nicht in den ersten Elementen stecken bleiben
will, der sogenannten imaginären Figuren (Punkte usw.) nicht
entraten. Diese aber haben den auf die „Anschauung" ein-
geschworenen Geometern von jeher die größten Schwierigkeiten
geboten. Eine Folge davon ist, daß die meisten Verfasser von
Lehrbüchern der analytischen (wie der synthetischen) Geometrie
auf Das verzichten, was doch auch sie, wenn sie ihre Probleme
gründlich behandeln wollen, als durchaus notwendig anerkennen
müssen. Andere haben zu Konstruktionen gegriffen, die scharfsinnig und fein erdacht, aber wegen übermäßiger Komplikation
zur Unfruchtbarkeit verurteilt sind (v. Staudtsche Theorie des

geometrischen Imaginären).   Wieder Andere, und es sind ihrer
nicht wenige, gelangen zu ihrem Imaginären, unter Hintansetzung
aller Logik, durch einen *salto mortale.*

Diese ganze Schwierigkeit ist nun der abstrakten Koordinaten-
geometrie fremd: Es ist ja klar, daß man die Definition des
Punktes und anderer Figuren nur durch Zulassung komplexer
Zahlen $x_1 \ldots x_n$ usf. zu erweitern braucht, um alles in dieser
Richtung Erwünschte zu haben.

Es ließen sich noch andere Gesichtspunkte zugunsten unserer
abstrakten Geometrie geltend machen, aber wir wollen es bei dem
Gesagten bewenden lassen.   Daß wir hier überall einen rein
wissenschaftlichen Standpunkt einnehmen, und nicht etwa eine
Reform des Anfangsunterrichts der Universitäten vorschlagen
wollen, muß aber vielleicht noch ausdrücklich gesagt werden. Der
Universitätslehrer muß mit den gegebenen Verhältnissen rechnen
und darf nicht über die Köpfe seiner Zuhörer hinwegreden. Nur
meinen wir, es könnte nichts schaden, wenn am Schluß einer Vor-
lesung über analytische Geometrie auf die Möglichkeit eines
anderen Gedankengangs und auf dessen Vorteile aufmerksam
gemacht würde.

Wir können nunmehr deutlich erklären, was gemeint war,
wenn wir (auf S. 81) sagten, der Punkt (der gewöhnlichen, elementaren, oder auch der konkreten Koordinatengeometrie) sei „im
Grunde" nichts Anderes als ein Zahlentripel.

Machen wir die Hypothese, die natürliche Geometrie finde
ein treues Bild im Euklidischen System, so nehmen wir damit die
Existenz räumlicher Dinge an, denen jene Eigenschaften genau
zukommen, die das Euklidische System seinen „Punkten" beilegt.
Aber diese Dinge, die „Punkte" des empirischen Raumes, sind
hypothetisch; greifbar, aufzeigbar sind, statt solcher Punkte,
nur mehr oder minder vage umschriebene Stellen im empirischen
Raume.   Machen wir aber jene Hypothese nicht, so sind wir
noch weniger imstande, solche Dinge aufzuweisen.   Ganz anders
in der Analysis.   Hier haben wir greifbare Realitäten, Zahlentripel oder mit solchen äquivalente Systeme von Zahlen, denen
nachweisbar alle die Eigenschaften zukommen, die die Euklidische Geometrie von ihren „Punkten" verlangt oder bei ihnen
voraussetzt.   In der Analysis finden wir also das System
der Euklidischen Geometrie auf eine vollkommen exakte

Art realisiert, während die uns umgebende Welt der Dinge nur eine angenäherte Realisierung erlaubt.

Wir kennen außerhalb der Analysis überhaupt keine exakte Realisierung des Systems der Euklidischen Geometrie.

Innerhalb der Analysis gibt es freilich solche Realisierungen in unendlicher Menge. Die ohne Frage einfachsten darunter sind jedoch die, bei denen der Punkt als Zahlentripel realisiert wird, und die anderen sind (wie sich nachweisen läßt) nichts weiter als Transformationen jener einfachsten Realisierungen.

Was wir hier von der Euklidischen Geometrie gesagt haben, gilt, abgesehen vom Historischen, *mutatis mutandis* auch von den verschiedenen Arten Nicht-Euklidischer Geometrie, von denen nunmehr die Rede sein soll.

Wir verweisen schließlich auf einen Artikel der mathematischen Enzyklopädie von F. Enriques (Bd. III, 1, S. 1 u. ff.), worin man zahlreiche Literaturangaben finden wird, und namentlich auf die dort gegebene Darstellung der Hauptresultate von S. Lie, die Formulierung und Lösung des von Lie so genannten Riemann-Helmholtzschen Problems, das auch den engsten Anschluß an die im Texte vorgeführten Erfahrungstatsachen zu bieten scheint. Daß diese schwierigen Untersuchungen noch Manches zu wünschen übrig lassen, können wir nicht in Abrede stellen. Lie hat in seiner ausgedehnten Erörterung des Gegenstandes den ungeheuren Apparat seiner Theorie der Transformationsgruppen in Bewegung gesetzt und dabei einige gewiß nicht nötige Einschränkungen eingeführt. Auch müssen seine weitläufigen historisch-kritischen Erörterungen in dem sonst so monumental angelegten Werke als störend empfunden werden. Lies Kritik der Arbeiten Anderer, besonders aber der Leistung von Helmholtz, scheint uns geradezu ungerecht zu sein.

Sehr erwünscht wäre die sicher mögliche Lösung des Riemann-Helmholtzschen Problems mit einfacheren Mitteln und unter weniger engen Voraussetzungen, wozu übrigens schon Ansätze vorhanden sind. Siehe Hilbert, Grundlagen der Geometrie, 2. Auflage, Leipzig 1903, Anhang IV; vgl. Brouwer, Math. Ann. 67, 246, 1909 und ebenda 69, 181, 1910.

Zitate, die sonst vermißt werden könnten (Cayley, Beltrami, F. Klein, Killing u. A.) findet man in dem angeführten Aufsatze von Enriques.

VI.
Erster Schritt der Hypothesenbildung.

Wir stellen nun die verschiedenen in Betracht kommenden
Hypothesen zusammen, zunächst soweit sie sich auf ein beschränktes
Raumstück beziehen.

Soweit das uns erkennbare Raumstück in Frage kommt,
stimmt — so wird angenommen — die natürliche Geometrie überein mit irgend einem der folgenden mit I, II,
III bezeichneten Systeme abstrakter Geometrie.

I. Sphärische Geometrie.

Punkt heißt ein Quadrupel von vier (reellen) Zahlen x_0, x_1,
x_2, x_3, die durch die Gleichung

$$x_0^2 + x_1^2 + x_2^2 + x_3^2 = R^2 \qquad \{R > 0\}$$

verbunden sind. Bewegung heißt eine lineare homogene Transformation von der Determinante Eins, die den vier Zahlen x_k vier
andere x_k^* zuordnet, die derselben Gleichung genügen. Diese Bewegungen bilden (wie sofort folgt) ein Kontinuum und eine Gruppe
mit sechs wesentlichen Parametern. Figuren (zunächst Örter von
Punkten), die durch sie zur Deckung gebracht werden können,
heißen kongruent. Objekt der sphärischen Geometrie sind die
kongruenten Figuren gemeinsamen Eigenschaften. Zu diesen
gehört insbesondere die Entfernung zweier Punkte x, y:

$$R \cdot arc\, cos \left\{ \frac{1}{R^2} (x_0 y_0 + x_1 y_1 + x_2 y_2 + x_3 y_3) \right\}$$

und das (hiermit schon gegebene) Quadrat des Bogenelementes

$$dx_0^2 + dx_1^2 + dx_2^2 + dx_3^2.$$

II. Pseudosphärische Geometrie.

Punkt heißt ein Quadrupel von vier (reellen) Zahlen x_0, x_1,
x_2, x_3, die durch die Gleichung

$$x_0^2 - x_1^2 - x_2^2 - x_3^2 = R^2 \qquad \{R > 0\}$$

und die Ungleichung

$$x_0 \geqq R$$

verbunden sind. Bewegung heißt eine lineare homogene Transformation von der Determinante Eins, die die genannte Gleichung
wie auch die zugehörige Ungleichung unverändert läßt. Diese
Bewegungen bilden ein Kontinuum und eine Gruppe mit sechs
wesentlichen Parametern. Figuren, die durch sie zur Deckung
gebracht werden können, heißen kongruent. Objekt der pseudosphärischen Geometrie sind die kongruenten Figuren gemeinsamen
Eigenschaften. Zu diesen gehört insbesondere die Entfernung
zweier Punkte x, y:

$$R \cdot arc\, cos\, h \left\{ \frac{1}{R^2} (x_0 y_0 - x_1 y_1 - x_2 y_2 - x_3 y_3) \right\}$$

und das quadrierte Bogenelement

$$- d x_0^2 + d x_1^2 + d x_2^2 + d x_3^2.$$

III. Euklidische Geometrie.

Punkt heißt ein Tripel von (reellen) Zahlen x_1, x_2, x_3.
Bewegung heißt eine lineare, nicht notwendig homogene Transformation von der Determinante Eins, die dem aus zwei Zahlen-
tripeln gebildeten Ausdruck

$$(y_1 - x_1)^2 + (y_2 - x_2)^2 + (y_3 - x_3)^2$$

seinen Wert läßt. Diese Bewegungen bilden ein Kontinuum und
eine Gruppe mit sechs wesentlichen Parametern. Figuren, die
durch sie zur Deckung gebracht werden können, heißen kongruent. Objekt der Euklidischen Geometrie sind die kongruenten
Figuren gemeinsamen Eigenschaften. Zu diesen gehört insbesondere die Entfernung zweier Punkte

$$\sqrt{(y_1 - x_1)^2 + (y_2 - x_2)^2 + (y_3 - x_3)^2}$$

und das quadrierte Bogenelement

$$d x_1^2 + d x_2^2 + d x_3^2.$$

Die hiermit formulierten Hypothesen I, II, III lassen sich
auch zusammenfassen, wodurch zwar ihre Unterschiede etwas
weniger deutlich hervortreten, aber klarer das zum Vorschein

kommt, was sie von anderen zulässigen (jedoch nicht zweckmäßigen) Hypothesen unterscheidet:

Die natürliche Geometrie (so nehmen wir an) stimmt,
mindestens in dem uns erkennbaren Raumstück, überein mit der Geometrie (mit der zuweilen so genannten
inneren Geometrie, *geometria intrinseca*) in irgend einem
dreidimensionalen Zahlenkontinuum von **konstantem**
Riemannschen Krümmungsmaß.

Dieses Krümmungsmaß hat in den Fällen I, II, III die Werte

$$\text{I } \frac{1}{R^2}, \qquad \text{II } -\frac{1}{R^2}, \qquad \text{III Null},$$

und es ist charakterisiert lediglich durch den Ausdruck für
das quadrierte Bogenelement, dem sich, wenn das Krümmungsmaß K genannt wird, in allen drei Fällen die Form

$$d x_1^2 + d x_2^2 + d x_3^2 + K \cdot \frac{(x_1\, d x_1 + x_2\, d x_2 + x_3\, d x_3)^2}{1 - K(x_1^2 + x_2^2 + x_3^2)}$$

geben läßt. Das geometrische System III ist ein Grenzfall jedes
der beiden Systeme I, II und wird erhalten, wenn man den in die
Definitionen I, II eingehenden Parameter R, den zuweilen auch so
genannten (Riemannschen) Krümmungsradius, über alle
Grenzen wachsen, oder also das Krümmungsmaß K gegen Null
konvergieren läßt. Zu beachten ist ferner, daß die Systeme I, II
nicht, wie es zunächst scheinen mag, unendlich viele wesentlich-
verschiedene geometrische Lehrgebäude darstellen, sondern nur
je eines: Durch die triviale Substitution $x_x = R \cdot x'_x$ geht jedes
in eines der beiden Systeme über, die dem Werte $R = 1$ ent-
sprechen. Unsere Hypothesen I, II, III — die sich, wie wir
wiederholt bemerken, nur auf ein in seinen Dimensionen beschränktes
Raumstück beziehen — können daher auch unterschieden werden als

I. Hypothese des positiven Krümmungsmaßes,
II. Hypothese des negativen Krümmungsmaßes,
III. Hypothese des verschwindenden Krümmungs-
maßes.

Keineswegs ebenso gleichgültig wie für die mit I, II bezeichneten theoretischen Strukturen ist aber der Wert des Krümmungsradius R für deren Anwendung auf die Welt der Wirklichkeit. In dieser nämlich brauchen wir einen bestimmten Maßstab,

etwa das Meter, oder zum Beispiel den mittleren Radius ϱ der Erdbahn (rund $\varrho = 145 . 10^9$ m), und dann wird R einen bestimmten Wert überschreiten müssen, wenn die Theorie zu den Beobachtungen passen soll [1]).

Es wird sich jetzt fragen, auf welche Tatsachen der Erfahrung sich die Behauptung über die mindestens vorläufige Zulässigkeit und Zweckmäßigkeit der Hypothesen I, II, III gründet, ferner, welche Erfahrungen zur Verfügung stehen, um zwischen ihnen selbst zu entscheiden, und ob wir das überhaupt können.

In bezug auf den ersten Punkt genügt es, auf die schon besprochenen Umstände zu verweisen, daß wir erstens durch passende Wahl von R mit den Hypothesen I, II der Hypothese III in quantitativer Hinsicht beliebig nahe kommen können, zweitens aber diese selbst in aller Erfahrung sich so gut bewährt hat, daß es möglich war, ihren Charakter als Hypothese ganz zu vergessen, und sie nicht nur für empirisch gewiß, sondern sogar für eine Denknotwendigkeit zu halten. Zur genaueren Prüfung unserer Hypothesen und namentlich zur Entscheidung zwischen ihnen werden wir unter diesen Umständen auch nicht beliebige, etwa im Zimmer eines physikalischen Instituts auszuführende Messungen benutzen können [2]), sondern nur solche, in denen die Dimensionen des zu untersuchenden Raumstücks möglichst groß sind. Wir sehen uns damit auf Geodäsie und Astronomie angewiesen.

---

[1]) Hier wird vielleicht noch zu sagen sein, warum wir nicht (nach dem Beispiel von Helmholtz und Anderen) versuchen, die vorgeführten mathematischen Tatsachen dem Laien mundgerecht zu machen. Wir finden, daß es schon genug solche populäre Erörterungen über Nicht-Euklidische Geometrie gibt, glauben aber außerdem, daß gerade in ihnen die Quelle von einigen der zahlreichen Mißverständnisse zu suchen ist, die in der Literatur unseres Problems vorkommen.

[2]) Die Idee, daß man durch Zeichnungen hier eine Entscheidung herbeiführen kann, mag wohl öfter als einmal aufgetaucht sein. Wir finden sie schon bei Saccheri (1733). Siehe F. Engel und P. Stäckel, Theorie der Parallellinien, S. 80 (Leipzig 1895).

VII.
Geodätische und astronomische Messungen.

Es gibt nun in der Tat Folgerungen aus den Hypothesen I, II, III, die einer experimentellen Prüfung zugänglich sind.

Daß eine solche Prüfung möglich ist, beruht darauf, daß in allen Fällen I, II, III als Bahn des Lichtstrahls unter normalen Umständen sich eine geodätische Linie einstellen muß und daß die Konstruktion unserer Meßinstrumente auf alle Fälle I, II, III gleichmäßig paßt. Die Fehler, mit denen diese Instrumente von vornherein behaftet sind, sind nämlich so groß, daß die theoretisch allerdings vorhandenen Unterschiede in ihrer Konstruktion bei den Annahmen I, II oder III praktisch völlig bedeutungslos werden. Der mit diesen Instrumenten überhaupt zu erzielende Genauigkeitsgrad ist von unseren Hypothesen ganz unabhängig.

Bleiben wir zunächst bei der Geodäsie, so können wir die in den Fällen I, II, III verschiedenen Eigenschaften der Winkelsumme eines von geodätischen Linien gebildeten Dreiecks auszunutzen suchen. Diese Winkelsumme ist im Falle III bekanntlich gleich zwei Rechten, im Falle I ist sie größer und im Falle II kleiner, und in beiden Fällen I, II ist die Abweichung von zwei Rechten absolut-proportional zur Dreiecksfläche[1]). „Kleine" Dreiecke zeigen nun zwar keine merkliche Abweichung ihrer Winkelsumme von π. Wie sich aber die Sache bei hinreichend großen Dreiecken verhalten wird, können wir nicht wissen, ohne es versucht zu haben. Die sogenannte Anschauung belehrt uns, wie gezeigt worden ist, nicht darüber. Man konnte nun das ziemlich „große" Dreieck Hohenhagen-Brocken-Inselsberg vermessen[2]). Was durfte als Resultat dieser Prüfung erwartet werden?

---

[1]) Der Ausdruck für die Dreiecksfläche oder vielmehr für die zugehörige Maßzahl ist $(W - \pi)R^2$ im Falle I und $(\pi - W)R^2$ im Falle II, wenn W die Winkelsumme bedeutet.

[2]) Die Seiten dieses Dreiecks haben Längen von ungefähr 69, 85, 107 km.

Der Fall lag so, daß die nötigen Hilfstheorien hinreichend gesichert und entwickelt waren, so daß ein praktischer Kenner der höheren Geodäsie den Einfluß aller Nebenumstände auf den Ausfall des Experiments zu beurteilen vermochte.

Fand sich mithin, daß die Winkelsumme des vermessenen Dreiecks merklich größer war als π und daß die Abweichung nicht aus den bei solchen Vermessungen immer auftretenden Fehlerquellen (mangelhafter Beobachtung, Ungenauigkeit der Instrumente, ungleicher Dichte der Atmosphäre) erklärt werden konnte, so durften damit die Hypothesen II und III als so gut wie definitiv ausgeschlossen gelten.   I allein blieb übrig und war mit dem Grade von Sicherheit begründet, der überhaupt bei physikalischen Hypothesen möglich ist.

Fand sich eine ähnliche Abweichung im entgegengesetzten Sinne, so waren I und III beseitigt und II blieb übrig.

Fand sich drittens, daß die beobachtete Winkelsumme so nahe an 180° lag, als man bei Annahme der Hypothese III es erwarten mußte, so war damit nicht etwa diese (die Euklidische) Hypothese bestätigt, sondern die Entscheidung zwischen I, II, III überhaupt ausgesetzt. Der letzte Fall war der, der wirklich eingetreten ist. Das Ergebnis des Experiments war also zwar keineswegs Null, aber doch mit Bezug auf die hier allein zur Diskussion stehende Frage ein *Non liquet*.

Die besprochene Vermessung ist von Gauß ausgeführt worden (Werke IV, S. 312 u. f.).   Daß er selbst dieses Experiment, ähnlich wie hier geschehen, beurteilt hat, wissen wir durch das Zeugnis von Sartorius von Waltershausen (Gauß zum Gedächtnis, S. 81).   Daß Gauß, neben II, auch die Hypothese I in Betracht gezogen hat, kann allerdings nur wahrscheinlich gemacht werden[1]. Abgesehen von diesem Umstand, dem nur ein untergeordnetes Interesse zukommt, sind wir völlig sicher, die Meinung von Gauß richtig wiedergegeben zu haben.   Er hat nicht daran gedacht (wie Einige meinen), durch seinen Versuch die Euklidische Hypothese „bestätigen" zu wollen.   Es bezeugen uns das seine eigenen Worte (Werke VIII, S. 187):

---

[1] Es kommen besonders in Betracht Fragmente, die in den Gesammelten Werken, Bd. VIII, S. 255—257 und S. 265 abgedruckt sind. Die zweite dieser Notizen stammt nach dem Herausgeber Stäckel schon aus der Zeit 1823—1827.

„Alle meine Bemühungen, einen Widerspruch, eine Inconsequenz in dieser Nicht-Euklidischen Geometrie zu finden, sind fruchtlos gewesen, und das Einzige, was unserem Verstande darin widersteht, ist, daß es, wäre sie wahr, im Raum eine *an sich bestimmte* (obwohl uns unbekannte) Lineargröße geben müßte. Aber mir deucht, wir wissen, trotz der nichtssagenden Wort-Weisheit der Metaphysiker, eigentlich zu wenig oder gar nichts über das wahre Wesen des Raumes, als daß wir etwas uns unnatürlich vorkommendes mit *Absolut Unmöglich* verwechseln dürfen. Wäre die Nicht-Euklidische Geometrie die wahre, und jene Konstante in einigem Verhältnis zu solchen Größen, die im Bereich unserer Messungen auf der Erde oder am Himmel liegen[1]), so ließe sie sich a posteriori ausmitteln. Ich habe daher wohl zuweilen im Scherz den Wunsch geäußert, daß die Euklidische Geometrie nicht die wahre wäre, weil wir dann ein absolutes Maß a priori (?) haben würden"[2]).

Den Gedanken, durch Dreiecksmessungen womöglich eine Entscheidung herbeizuführen, hatten übrigens auch Lobatschewskij[3]) und Joh. Bolyai[4]).

Der von A. Voß (a. a. O., S. 94) und, wenn wir nicht irren, auch schon früher von Anderen vertretenen Ansicht, daß diesem wohldurchdachten Experiment ein Zirkelschluß zugrunde liege, müssen wir entschieden widersprechen, und ebensowenig können wir zugeben, daß das die Meinung von Helmholtz war, der ganz die Anschauungen von Gauß und Riemann geteilt hat. Es ist nicht zu sehen, worin dieser Zirkelschluß liegen sollte (über dessen Natur genauere Angaben fehlen).

---

[1]) Diese Worte sind im Original nicht hervorgehoben.

[2]) So gut wie es ein absolutes Maß für Winkelgrößen gibt, kann es auch ein solches für Längen geben.

[3]) F. Engel, Lobatschewskij, Leipzig 1898/99, I, S. 22; II, S. 250. An der zweiten Stelle spricht Lobatschewskij allerdings von einer „Bestätigung" der Euklidischen Hypothese. Doch handelt es sich unzweifelhaft nur um eine Nachlässigkeit des Ausdrucks, nicht um einen wirklichen Denkfehler; die erste Stelle läßt das klar erkennen. Übrigens hat Lobatschewskij nicht ausdrücklich von geodätischen Messungen gesprochen.

[4]) P. Stäckel, Wolfgang und Johann Bolyai, Leipzig 1913, I, S. 155.

Das im Texte reproduzierte Bedenken von Gauß, dem man, wie Gauß selbst sagt, keine entscheidende Bedeutung beilegen kann, ist seitdem völlig hinfällig geworden. Wir besitzen in der Tat ein absolutes, allerdings nicht (im Sinne von Kant) „a priori" gegebenes Maß, das mit großer Genauigkeit festgestellt werden kann, in der Wellenlänge einer bestimmten Lichtsorte. Wir erinnern an Michelsons berühmte Experimente, denen zufolge ein Meter = 1 553 163,5 ± 0,8 Wellenlängen der roten Cadmiumlinie ist. Wäre also z. B. die sphärische Geometrie „die wahre", so würden wir die Gesamtlänge einer geodätischen Linie in solchen Wellenlängen ausdrücken können. Oder wir könnten umgekehrt die Gesamtlänge der geodätischen Linie = 2π (d. h. $R = 1$) setzen und dann die Wellenlänge der roten Cadmiumlinie in dem dadurch gegebenen Maß ausdrücken.

Natürlich darf man nun nicht etwa das Vorhandensein eines durch die Natur gegebenen Längen- (und Zeit-) maßes als ein Argument gegen die Euklidische Hypothese verwerten wollen.

Eher als von der Geodäsie, die immer noch mit viel zu kleinen Dimensionen operiert, darf man von der Astronomie eine Entscheidung erwarten — immer in demselben beschränkten Sinne wie zuvor.

Welche Ansicht auch immer man sich über das Wesen der Gravitation bilden mag, es kann schwerlich ein Zufall sein, daß die Abnahme der Gravitationsintensität mit der Entfernung demselben Gesetz zu folgen scheint, wie die Abnahme der Intensität des Lichtes. Das eine wie das andere Gesetz muß seinen Grund in den Eigenschaften des Raumes selbst haben. Man erhält nun, wenn man das zugibt, aus den Annahmen I, II, III drei verschiedene Gesetze, entsprechend Ausdrücken der Form:

$$\text{I.} \quad \frac{C}{R^2 \sin^2 \frac{r}{R}} = \frac{C}{r^2} \cdot \left[1 + \frac{r^2}{3R^2} + \cdots\right],$$

$$\text{II.} \quad \frac{C}{R^2 \sin h^2 \frac{r}{R}} = \frac{C}{r^2} \cdot \left[1 - \frac{r^2}{3R^2} + \cdots\right],$$

$$\text{III.} \quad \frac{C}{r^2}.$$

C bedeutet hier in allen drei Fällen dieselbe Konstante, die sogenannte Gravitationskonstante, deren Wert nach den besten vorliegenden Messungen (von Richarz und Krigar-Menzel) ist

$$C = 6{,}685 \cdot 10^{-8}\,(\mathrm{cm}^3 \cdot \mathrm{gr}^{-1} \cdot \mathrm{sec}^{-2}).$$

Sollte sich also finden, daß mit Hilfe von Gesetzen des Typus I oder II die Bewegungen der Himmelskörper sich besser darstellen lassen, als mit Hilfe des Newtonschen Gesetzes III, so dürften wir darin einen hinreichenden Grund erblicken, die Hypothese III fallen zu lassen und sie durch eine der beiden anderen zu ersetzen [1]. Aber es würde jedenfalls eine ungeheuer lange Reihe von Beobachtungen dazu gehören, um eine derartige Abweichung vom Newtonschen Gesetz festzustellen, wenn sie in der Tat vorhanden sein sollte. Es kann nur das Planetensystem in Frage kommen, und auch in diesem sind die vorhandenen Distanzen jedenfalls noch viel zu klein. Ein brauchbareres und mit einfacheren Mitteln zu gewinnendes Resultat liefern uns, wie Lobatschewskij [2] und neuerdings eingehender Schwarzschild gezeigt haben, Beobachtungen über die Fixsternwelt.

Machen wir zunächst die Annahme II, verstehen wir unter R dasselbe wie zuvor — die positive Quadratwurzel aus dem mit — 1 multiplizierten reziproken Werte des Riemannschen Krümmungsmaßes — und nennen wir ϱ den Radius der zur Vereinfachung als kreisförmig angenommenen Erdbahn, so folgt, daß jeder Stern eine Minimalparallaxe p haben muß, die durch den Ausdruck

$$p = \frac{\varrho}{R}$$

gegeben ist. Da aber sicher viele Sterne keine Parallaxe von $0'',05$ haben, so muß der Wert dieser Minimalparallaxe unter $0'',05$ liegen; es ergibt sich daraus

$$R \cdot arc\ 0'',05 > \varrho$$

oder $R > 4\,000\,000$ Erdbahnradien.

---

[1] Diese Idee findet sich bei Lobatschewskij (Neue Anfangsgründe, 1835); s. Engel, a. a. O., S. 76, und auch bei den beiden Bolyai. Siehe darüber P. Stäckel in der Schrift Joannis Bolyai in Memoriam, Claudiopoli MCMII, p. 64, und Jahresber. d. D. M.-V. **12**, 476, 1903, ferner W. und J. Bolyai (Leipzig 1913), I, S. 156, 249; II, S. 96.

[2] A. a. O., S. 22—24.

Im Falle I, bei Annahme also eines positiven Krümmungsmaßes, führt die Untersuchung der Parallaxen nicht zu einem
astronomisch verwertbaren Ergebnis. Aber in diesem Falle hat
der Raum endliche Dimensionen, und die ungeheure Menge der
bekannten Fixsterne muß in ihm Platz haben. Auch über die
Verteilung dieser Fixsterne im Raume gibt die Astronomie gewisse Aufschlüsse, so daß man wiederum Anhaltspunkte hat, um
für den Krümmungsradius R eine untere Grenze zu finden. Gewiß
sind solche Schätzungen sehr unsicher, und sie bedürfen noch
ergänzender Annahmen über die Auslöschung des Lichtes im
Weltraum. Aber alles das ist schon mehr als genügend be-
rücksichtigt, wenn wir für den Radius R denselben Minimalwert
annehmen wie oben. Es darf also behauptet werden:

Wenn die Hypothese I oder die Hypothese II zutrifft,
so muß der Krümmungsradius R, dessen reziproker Wert
alsdann die Abweichung in der Struktur unseres Raumes
von der Euklidischen Annahme in quantitativer Hinsicht charakterisiert, jedenfalls vier Millionen Erdbahnradien (rund $6 \cdot 10^{20}$ cm) übertreffen[1].

Danach gibt es keine Hoffnung, daß durch geodätische
Messungen jemals eine Abweichung der natürlichen Geometrie
von der Euklidischen festgestellt werden könnte, und sehr un-
wahrscheinlich ist es, daß Messungen im Planetensystem dazu
ausreichen sollten, zumal der Spielraum von R unzweifelhaft noch
weiter eingeschränkt werden kann.

Es ist mit der Möglichkeit zu rechnen, daß alle Experimente,
wie immer sie erdacht sein mögen, eine Entscheidung nicht herbeiführen werden. Dann wird der Physiker nie Anlaß haben, die
ihm bequeme Euklidische Hypothese aufzugeben. Aber ebensowenig wird er schließen dürfen, daß sie „die richtige" ist. Die
Entscheidung wird nur immer weiter hinausgeschoben, und die
zulässigen Werte des Krümmungsmaßes werden in immer engere
Grenzen eingeschlossen. Auch das wird ein positives Ergebnis
sein und, wie uns scheint, des Schweißes der Edlen wert.

---

[1] Schwarzschild, Über das zulässige Krümmungsmaß
des Raumes, Vierteljahrsschrift der Astronomischen Gesellschaft,
Jahrgang 35, S. 337, 1900. Vgl. dazu Harzer, Die Sterne und der
Raum, Jahresber. d. D. M.-V. 17, 237, 1908.

VIII.
Zweiter Schritt der Hypothesenbildung.

Bis hierher haben wir uns mit der Hypothesenbildung an die
Möglichkeiten der Erfahrung gehalten, die sich nur auf ein be-
grenztes Raumstück bezieht. Gehen wir aber über dieses hinaus,
so hat die systembildende Phantasie noch einen unermeßlichen
Spielraum, und diesen dürfen wir verwerten, um die Forderung
der Einfachheit der Hypothesen noch weiter auszunutzen. Das
unserer Erfahrung zugängliche Raumstück hat scharfe Grenzen
nicht, und es widerstrebt unserem Geiste, solche räumliche Grenzen
einer möglichen Erfahrung, also durch die Natur gegebene Grenzen
des empirischen Raumes, anzunehmen. Es würde außerdem eine
große und völlig zwecklose Erschwerung für die Anwendung der
Mathematik bedeuten, wollten wir — was an sich nicht unmöglich
ist — unserem Raume solche Eigenschaften — singuläre Stellen —
zuschreiben, wie wir sie beispielsweise (in einer Dimension weniger)
bei allen analytischen Flächen von konstanter negativer Krümmung
im Euklidischen Raume finden [1]). Nicht weniger nutzlos, weil
durch keine Erfahrung motiviert, sind andere mehr oder minder
verwickelte Annahmen, die Zusammenhangseigenschaften des
empirischen Raumes im Ganzen betreffen und durch die Hypothesen I, II, III ebenfalls noch nicht ausgeschlossen sind. Eine
solche nutzlose Verwickelung, die keiner Erfahrung entspricht,
würde die Zulassung geschlossener Kurven im Raume sein, die
nicht kontinuierlich auf einen Punkt zusammengezogen werden
können, wie es (wieder in einer Dimension weniger) bei einem
Rotationszylinder oder einer Ringfläche eintritt.

Wir werden uns also unter allen den Annahmen, die die
Struktur des empirischen Raumes im Ganzen betreffen und die
mit den schon gemachten und nun auf den ganzen Raum aus-
zudehnenden Hypothesen I, II, III verträglich sind, wieder die

---

[1]) Hilbert, Grundlagen der Geometrie, 2. Aufl., Leipzig
1903, Anhang V.

einfachsten aussuchen dürfen; wir werden dann zwar Hypothesen bilden, die sich zurzeit und zum Teil auch immer jeder
Kontrolle durch die Erfahrung entziehen, die aber mit dieser Erfahrung eben deshalb auch nicht in Widerspruch kommen. Was
wir damit erreichen, ist vor allem eine möglichst große Bequemlichkeit in der mathematischen Bearbeitung der von der Erfahrung
gelieferten Tatsachen.

Zu den hiernach erwünschten neuen Hypothesenbildungen,
die nichts anderes sein sollen, als zweckmäßige Präzisierungen,
konkretere Ausgestaltungen der schon gemachten Hypothesen
I, II, III, gelangen wir wiederum durch Idealisierung einer
Eigenschaft, die wir an den im physikalischen Sinne „starren"
Körpern wahrnehmen. Die Beweglichkeit eines solchen Körpers
ist nämlich unabhängig von seinen Dimensionen: Diese können,
soweit unsere Erfahrung reicht, beliebig vergrößert werden.
Dies veranlaßt uns, in jedem der Fälle I, II, III die Fiktion eines
— nun im mathematischen Sinne — starren Körpers zu bilden,
der den ganzen Raum ausfüllt und doch noch in gleicher Weise
beweglich ist, wie ein irgendwie begrenzter starrer Körper in
beschränktem Gebiet[1]). Mit anderen Worten, wir stellen nunmehr
die Forderung auf, daß die Bewegungen (*déplacements*) genannten
Transformationen, die in unseren drei Mannigfaltigkeiten kon-
stanten Krümmungsmaßes an Stelle der physischen Bewegungen
physisch-starrer Körper treten, eine Gruppe bilden sollen (vgl.
S. 81). Das hatten wir bisher noch nicht verlangt. Es bilden
nämlich zwar tatsächlich die von uns erklärten „Bewegungen"
in den Fällen I, II, III je eine Gruppe, wir hatten aber nur
einen Ausschnitt aus dem sphärischen, pseudosphärischen oder
Euklidischen Raume betrachtet, und in diesem Falle würden wir
durch im Raume selbst auszuführende Messungen — mindestens
bei hinreichender Kleinheit des Ausschnitts — über die Eigenschaften unseres Raumes im Großen präzise Aussagen nicht machen
können. Es könnte zum Beispiel sein, daß ein begrenzter starrer
Körper, der wiederholt derselben Bewegung unterworfen wird,
schließlich an Grenzen des Raumes gelangte, so daß also schon die
unbedingte Zusammensetzbarkeit zweier „Bewegungen" nicht mehr
bestände. Wir würden zum Beispiel nicht unterscheiden können

---

[1]) Siehe die Anmerkung auf S. 82.

zwischen dem beobachteten Stück eines sphärischen Raumes und einem Stück eines anderen Raumes von konstantem positivem Riemannschem Krümmungsmaß[1]). Derartige Annahmen, die den Physiker nicht interessieren können, werden also jetzt ausgeschlossen.

Die Beantwortung der nunmehr gestellten Frage verdanken wir W. Killing. Sein Ergebnis ist, daß von den sonst vorhandenen Möglichkeiten in den Fällen II, III nur noch eine einzige übrig bleibt, während sich die Hypothese I in zwei bestimmter gefaßte Annahmen spaltet[2]). Wir gelangen zu der folgenden — sehr viel schärferen — Fassung unserer letzten Hypothesen:

Die natürliche Geometrie stimmt — so wird nunmehr angenommen — genau (nicht nur im erkennbaren Raumstück) überein mit irgend einem der folgenden, mit Ia, Ib, II, III bezeichneten Systeme abstrakter Geometrie.

Ia. Sphärische Geometrie.

Diese hatten wir bereits charakterisiert. Es ist hier aber wohl der Ort, eines Umstandes zu gedenken, der Laien als besonders anstößig zu erscheinen pflegt. Die geodätischen Linien (Lichtwege) sind in diesem Falle geschlossen und haben eine endliche Länge ($2R\pi$), wie auch der Raum der sphärischen Geometrie ein endliches Volumen ($= 2R^3\pi^2$) hat. Der Stein des Anstoßes wird hinweggeräumt durch die einfache Bemerkung, daß für die in Betracht kommenden Werte von R (S. 102) eben auch schon diese Dimensionen über alle Vorstellung groß sind. Die sogenannte Anschauung widerspricht nicht der Geschlossenheit der geodätischen Linien, weil sie nicht so weit reicht und überhaupt über Realitäten nur so weit einige Auskunft zu vergeben vermag, als sie selbst eine Bearbeitung von Erfahrungen darstellt (S. 64 ff.).

Ib. Elliptische Geometrie.

Diese entsteht aus der sphärischen, wie man sagen darf, durch eine geeignete Projektion der sphärischen Mannigfaltigkeit

---

[1]) S. F. Schur, Math. Ann. **27**, 163, 537, 1886; **28**, 343, 1887.

[2]) Siehe den oben zitierten Artikel der Mathematischen Enzyklopädie, S. 114, und die dort angeführte Literatur. Durch die neue Hypothese des Textes werden unter Anderem auch die sogenannten Clifford-Kleinschen Raumformen ausgeschlossen.

in das uneigentliche Gebiet des vierdimensionalen Punktkontinuums, (x_0, x_1, x_2, x_3), innerhalb dessen man die sphärische Mannigfaltigkeit bei der hier zugrunde gelegten Koordinatendarstellung deuten wird. Je zwei diametral gegenüberliegende Punkte, das heißt Zahlenquadrupel der Form

$$x_0, \ x_1, \ x_2, \ x_3 \quad \text{und} \quad -x_0, \ -x_1, \ -x_2, \ -x_3,$$

werden dadurch zu einem neuen, nunmehr Punkt genannten Begriff zusammengefaßt. Ebenso werden zwei „Bewegungen" in der sphärischen Geometrie, deren jede aus der anderen durch Zusammensetzung mit der involutorischen Bewegung

$$x_0' = -x_0, \quad x_1' = -x_1, \quad x_2' = -x_2, \quad x_3' = -x_3$$

entsteht, nicht mehr unterschieden, sondern als eine einzige neue „Bewegung" gefaßt. Entsprechend ändert sich der Begriff der Kongruenz. Die Vieldeutigkeit des als Entfernung zweier Punkte x, y zu bezeichnenden Begriffs wird größer, es übernimmt nun der Ausdruck

$$R \cdot arc\,cos \left\{ \pm \frac{1}{R^2} (x_0 y_0 + x_1 y_1 + x_2 y_2 + x_3 y_3) \right\}$$

die Rolle des in der sphärischen Geometrie Entfernung genannten Ausdrucks. Der Ausdruck für das quadrierte Bogenelement dagegen bleibt derselbe wie zuvor.

Wichtig ist zu bemerken, daß man die sphärische und die elliptische Geometrie nicht unterscheiden kann, wenn man sich auf die Betrachtung eines hinreichend kleinen Raumstücks, insbesondere auf die Betrachtung der Punkte im Inneren einer sphärischen dreidimensionalen Halbkugel, z. B. der Halbkugel

$$x_0 > 0$$

beschränkt. Daneben aber sind die Unterschiede der sphärischen und der elliptischen Geometrie wohl zu beachten. Während z. B. in der sphärischen Geometrie alle von einem Punkte ausgehenden geodätischen Linien (Lichtwege) in einem zweiten Punkte, dem diametral gegenüberliegenden, zusammentreffen, geht in der elliptischen Geometrie durch zwei verschiedene Punkte immer nur eine einzige geodätische Linie. Die geodätischen Linien haben die halbe Länge und der Raum hat das halbe Volumen, wie im Falle der sphärischen Geometrie. Als Koordinaten eines

„Punktes" können in der elliptischen Geometrie schon die Verhältniszahlen

$$x_0 : x_1 : x_2 : x_3$$

dienen. Damit wird, ungleich der sphärischen, die elliptische Geometrie unmittelbar in die projektive Geometrie eines dreidimensionalen Zahlenkontinuums eingeordnet. In dieser nämlich ist ein Punkt gerade durch solche vier Verhältniszahlen definiert.

II. Die pseudosphärische Geometrie.

Hier ist zu bemerken, daß der soeben verwendete, als Projektion ins uneigentliche Gebiet bezeichnete Abbildungsprozeß nicht wie zuvor zu einer (2 − 1)-deutigen, sondern zu einer (1 − 1)-deutigen Abbildung zwischen zwei verschiedenen Punktmannigfaltigkeiten führt. Wir können jetzt den Punkt der pseudosphärischen Geometrie selbst schon durch vier Verhältnisgrößen:

$$x_0 : x_1 : x_2 : x_3$$

deutlich bezeichnen, die, übrigens beliebig, an die Ungleichung

$$x_0^2 - x_1^2 - x_2^2 - x_3^2 > 0$$

gebunden sind. Wir können also, ungleich der sphärischen, die pseudosphärische Geometrie selbst schon der projektiven Geometrie eines dreidimensionalen Zahlenkontinuums unterordnen [1]).

Aus dieser Tatsache ergibt sich die Möglichkeit, die pseudosphärische Geometrie mathematisch auf eine Art zu behandeln, die nicht analog ist zur Behandlung der sphärischen, sondern zur Behandlung der elliptischen Geometrie. Dies kommt in der üblichen Terminologie zum Ausdruck: Man redet von einer hyperbolischen Geometrie und meint damit die auf die zweite Art mathematisch bearbeitete pseudosphärische Geometrie. Gewöhnlich spricht man sogar nur von dieser, weil man die Einordnung des Gegenstands in das System der dreidimensionalen projektiven Geometrie für das Bequemste und Einfachste hält. Aber hierbei fällt nicht nur die doch auch vorhandene Analogie mit der sphärischen Geometrie unter den Tisch, sondern es hat auch die Urteils-

---

1) Vergleiche jedoch die Anmerkung auf S. 108.

bildung, wonach die Einordnung in die Systematik der gewöhnlichen projektiven Geometrie einen besonderen Vorzug dieser
Art der Behandlung des Stoffes bilden soll, nur eine zweifelhafte
Berechtigung.   Das Minkowskische Weltbild nötigt gerade
zu der anderen Auffassung, bei der die zu benutzenden Koordinaten durch eine Gleichung

$$x_0^2 - x_1^2 - x_2^2 - x_3^2 = R^2$$

aneinander gebunden sind, und nur, weil man dem (großen)
Unterschied nicht Rechnung trägt, den diese Änderung des Stand-
punktes in methodischer Hinsicht bedingt, wird auch bei Untersuchungen solcher Art noch von „hyperbolischer" Geometrie
geredet [1]).

Für den hier eingenommenen erkenntnistheoretischen Standpunkt sind natürlich pseudosphärische und hyperbolische Geometrie
völlig äquivalent, sie würden experimentell auf keine Weise zu
unterscheiden sein.

III. Die Euklidische Geometrie.

Die Euklidische Geometrie ist von vornherein der projektiven
Geometrie im dreidimensionalen Zahlenkontinuum untergeordnet.

---

[1]) Der Unterschied liegt darin, daß man in verschiedenen Ratio-
nalitätsbereichen operiert.   In der pseudosphärischen Geometrie benutzt
man Größenquadrupel, die von vornherein der Gleichung des Textes
genügen.   In der hyperbolischen Geometrie dagegen sind zunächst
nur die Verhältnisse

$$x_0 : x_1 : x_2 : x_3$$

gegeben, und dann hat man noch eine quadratische Gleichung aufzulösen, um jene bestimmtere Form der Koordinaten zu erhalten. Das
hat mathematisches Interesse, aber keine physikalische Bedeutung.

Bemerkt sei noch, daß die Ausdehnung der Begriffe der pseudosphärischen Geometrie auf das komplexe Gebiet dazu nötigt, auch schon
im reellen Gebiete die Ungleichung $x_0 \geq R$ fallen zu lassen, also den
Raum der reellen hyperbolischen Geometrie doppelt zu setzen oder
mit zwei „Blättern" zu überdecken.   Die so erklärte „pseudosphärische"
Geometrie ist dann ein vollkommenes Seitenstück zur sphärischen,
was bei der (abweichenden) Worterklärung des Textes noch nicht
ganz zutrifft.

In der rein-mathematischen Theorie wird man also nicht vier,
sondern fünf Fälle unterscheiden:

  I a. sphärische, II a. „pseudosphärische" Geometrie,
  I b. elliptische, II b. hyperbolische Geometrie,
  III. Euklidische oder parabolische Geometrie.

Man hat sie, um die Analogie mit der elliptischen und hyperbolischen Geometrie fühlbar zu machen, auch als **parabolische Geometrie** bezeichnet[1]).

Elliptische, hyperbolische und parabolische Geometrie haben das gemein, daß die geodätischen Linien (die idealisierten Lichtwege) **gerade Linien** sind in dem in der (abstrakten) projektiven Geometrie üblichen Sinne des Wortes: Sie werden aus dem projektiven Punktkontinuum, dessen „Punkt" auch im Falle der parabolischen Geometrie durch vier Verhältnisgrößen

$$x_0 : x_1 : x_2 : x_3 \qquad \{x_0 \neq 0\}$$

erklärt werden kann, durch zwei lineare Gleichungen abgeschieden.

Zu erwähnen ist noch, daß man statt von den besprochenen Systemen abstrakter Geometrie häufig auch von verschiedenen „Arten des Raumes" redet: **Man spricht von einem sphärischen, elliptischen usw. Raume.** Man meint aber damit nichts Anderes, als was wir auch gemeint haben, also nicht ein Zahlenkontinuum schlechtweg, sondern ein Zahlenkontinuum samt einer zugehörigen Gruppe von „Bewegungen", einem entsprechenden Entfernungsbegriff usf.

Blicken wir nun zurück, so müssen wir uns sagen: Es ist das nicht erreicht, was wir von vornherein als wünschenswert betrachten werden. Wir müssen uns eine Beschränkung auferlegen: Die Natur verweigert die Antwort auf unbescheidene Fragen. **Wir müssen es für unvorsichtig halten, zurzeit auch nur eine Vermutung darüber auszusprechen, in welcher unserer vier geometrischen Strukturen wir das Abbild der unbekannten Wirklichkeit zu erblicken haben.** Mit Präzision ausgestattet sind sie alle, und als Annäherungen an die Tatsachen, zum Mindesten an die nächstliegenden Erfahrungen,

---

[1]) Das vollständige System der betrachteten vier Arten der Maßgeometrie findet sich, samt der Terminologie: Sphärische, elliptische, hyperbolische, parabolische Geometrie, unseres Wissens zuerst in Schriften von F. Klein, doch ohne den erst von Killing geführten Beweis seiner Vollständigkeit. Die „pseudosphärische" Geometrie findet sich im Grunde schon bei Beltrami (s. die Anmerkung auf S. 119), dann, der „hyperbolischen" gegenübergestellt, doch ohne den hier gebrauchten Terminus, bei Killing und F. Klein.

leisten sie alle vier Dasselbe. Wenn, wie es uns vorkommen mag, die mathematische Behandlung der Hypothese III den Vorzug etwas größerer Einfachheit hat, so darf uns das nicht verführen, darum die übrigen *a limine* zu verwerfen. Groß erscheinen die Unterschiede im Komplikationsgrade dem erfahrenen Mathematiker jedenfalls nicht, während der Unterschied irgend einer der vier Annahmen von sonstigen Möglichkeiten unzweifelhaft sehr groß ist. In physikalischer Hinsicht aber, nämlich in der Anwendung auf die kosmische Physik, bieten alle vier Hypothesen große Schwierigkeiten — auch die Euklidische mit ihrer Annahme eines unendlichen Raumes [1]. Übrigens braucht man die Urteilsbildung gar nicht zu unterschreiben, wonach die Euklidische Hypothese „einfacher" sein soll, als die mit ihr konkurrierenden Hypothesen. Es hat vielmehr eine jede der vier Hypothesen ihre eigentümlichen Vorzüge. Für die Hypothesen Ia, Ib ist das schon bekannt (endlicher Raum, Prinzip der Dualität), daß aber auch für die Hypothese II Ähnliches gilt, denken wir an anderer Stelle nachzuweisen. Kommt uns die Hypothese III als die einfachste vor, so dürfen wir nicht vergessen, daß man eben diesen Fall III genauer untersucht hat als die anderen, und daß uns das Vertraute immer als einfacher erscheinen wird, als das Unbekannte oder

---

[1] Eine vielfach empfundene Schwierigkeit entsteht in den Fällen II, III aus der Annahme einer Erhaltung der Energie, da es dann nicht klar ist, was das für die Welt im Ganzen bedeuten soll. Andere nicht geringere Schwierigkeiten erörtert Harzer in der zitierten Abhandlung. Rettet man sich aber zur Annahme I, so kommt man aus der Scylla in die Charybdis. Es ist nicht auszudenken, zu was für Folgerungen dann die nicht abzuleugnende Erscheinung der Energiezerstreuung nötigt, wenn man den Zeitverlauf rückwärts verfolgt, und auch die Ausbreitung von Wirkungen in Raum und Zeit führt zu mindestens sehr kuriosen Konsequenzen. Es ist wohl mit der Möglichkeit zu rechnen, daß einmal aus physikalischen Gründen die eine oder andere der Annahmen Ia, Ib, II, III aufgegeben werden muß. Vorläufig aber wird es Schwierigkeiten haben, derartige Argumente zu wirklicher Überzeugungskraft zu verdichten. (Es hat nicht an Versuchen gefehlt. Einiges darüber findet man bei Erdmann, Axiome der Geometrie, Leipzig 1877, S. 75, und Wassiljeff: Lobatschewskij, Abhandlungen zur Geschichte der Mathematik, Heft VII, 1895, S. 235.) Kennt man z. B. nicht alle möglichen Energieformen, so kann man auch keine Aussagen machen über etwaige obere Grenzen von Energiedichten. Alles ist so wenig geklärt, daß die im Texte eingenommene abwartende Stellung die zurzeit allein mögliche zu sein scheint.

Fremdartige. Ein historisches Recht, ein Recht der Erstgeburt, darf eine objektiv sein wollende Wissenschaft nicht anerkennen.

Einige werden vielleicht auch dem Umstande ein gewisses Gewicht einräumen wollen, daß der Fall III ein ausgezeichneter Spezialfall oder Grenzfall ist. Der Wert Null des Krümmungsmaßes ist ja nicht irgend ein Wert wie etwa $K = 17,4825\ldots$ Die Bewegungsgruppe hat im Falle III eine ganz andere Struktur als in den beiden anderen Fällen (Existenz einer dreigliedrigen Untergruppe mit vertauschbaren Transformationen). Aber darum darf man noch nicht der Hypothese III eine besondere Wahrscheinlichkeit zuschreiben. Die Natur braucht sich nicht um unsere etwaige Vorliebe für bestimmte Gruppenstrukturen zu kümmern.

Man kann auch nicht etwa argumentieren: „Es ist doch schwerlich ein Zufall, daß die in Betracht kommenden Werte des Krümmungsmaßes sich von der Null nur sehr wenig unterscheiden." Das wäre ein pragmatistisches Argument. Viel und wenig, groß und klein sind ja konventionelle Begriffe. Wie schon hervorgehoben, kann das Krümmungsmaß, sobald es nur von Null verschieden ist, durch passende Wahl der Maßeinheit jedem beliebigen positiven (I) oder negativen (II) Wert gleichgemacht werden. Daß ein Längenmaß, dessen Wahl zu den Werten $K = 1$ oder $K = -1$ führen würde, über alle unsere Vorstellung groß sein muß, spricht nicht gegen seine Existenz, wie die in der Astronomie überall auftretenden großen Zahlen zur Genüge beweisen.

Als Ergebnis unserer Betrachtung darf angesehen werden:

1. Daß, wie immer auch die natürliche Geometrie beschaffen sein mag, ein Unterschied zwischen ihr und irgend einer der vier bezeichneten Arten der Maßgeometrie mit unseren gegenwärtigen Hilfsmitteln nicht oder nur sehr schwer festgestellt werden kann.

2. Daß unter allen denkmöglichen Annahmen diese vier Arten der Maßgeometrie den Vorzug haben.

3. Daß man unter diesen vier Annahmen selbst wieder, bis auf Weiteres, der Euklidischen den Vorzug geben mag und daß diese auch dauernd ihren Wert beibehalten wird, wo nicht allzu große Distanzen ins Spiel kommen.

4. Daß es übereilt sein würde, damit die erkenntnistheoretische Frage nach der Struktur des empirischen Raumes als erledigt anzusehen.

Alle vier Arten der Geometrie erhalten nun durch ihre mindestens sehr nahe Beziehung zur Erfahrung ein besonderes Interesse unter der unendlichen Mannigfaltigkeit geometrischer Systeme, die die Phantasie des Mathematikers, „der mathematische Spieltrieb", sich ausdenken mag. Es mag bequem sein, für diese vier besonders wichtigen geometrischen Systeme ein gemeinsames Wort zu haben. Wir erlauben uns den Vorschlag, einen von Helmholtz geprägten Terminus in diesem Sinne zu erklären: Wir wollen die genannten vier Systeme dreidimensionaler Geometrie

Systeme physischer Geometrie

nennen: *Cum grano salis*, in der Physik anwendbare Systeme abstrakter Geometrie [1]).

---

[1]) Es ist möglich, daß Helmholtz' Definition seiner „physischen Geometrie" zu dem später zu erörternden Mißverständnis Poincarés Anlaß gegeben hat. Helmholtz bedient sich nämlich an dieser Stelle der Fiktion einer mit Präzision ausgestatteten Erfahrung. Nur hat er, der so oft die Ungenauigkeit aller Erfahrung erörtert hatte, durch einen unglücklichen Zufall gerade da, wo es darauf ankam, vergessen, zu sagen, daß er eine Fiktion brauchen wollte. Was Helmholtz selbst gemeint haben wird, ist demnach identisch mit dem, was wir natürliche Geometrie nennen: Wäre die Erfahrung präzise, so könnten wir die Entscheidung treffen, die wir tatsächlich aussetzen mußten.

Keinenfalls hat Helmholtz den Unterschied zwischen abstrakter Geometrie und ihrer Anwendung auf den empirischen Raum verkannt. Siehe z. B. seine Besprechung von Riemanns Habilitationsschrift im Vortrag „Über den Ursprung und die Bedeutung der geometrischen Axiome". (Populäre wissenschaftliche Vorträge, III. Heft, Braunschweig 1876, S. 86 ff.)

IX.

Besprechung von Einwänden. Pragmatistische und positivistische Ansichten des Raumproblems.

In der vorausgehenden Erörterung haben wir mit Absicht einige Punkte unberücksichtigt gelassen, die schließlich doch wohl nicht übergangen werden dürfen. Wir wollen zunächst gewisse Einwände besprechen, die gegen den Grundgedanken der vorgeführten Überlegungen geltend gemacht worden sind.

Untunlich ist es freilich, Alles eingehend zu würdigen, was an Verfehltem in der ausgedehnten Literatur über das Raumproblem zutage gefördert worden ist.

Z. B. wird kein Mathematiker, der die Theorie der krummen Flächen kennt, den Einwand ernst nehmen, daß die auszuführenden Messungen im Raume selbst vor sich gehen müssen[1]), oder daß unsere Instrumente und Messungsmethoden das Parallelenaxiom zur Voraussetzung hätten[2]).

Völlig sinnlos, aber gleichwohl schon aufgetaucht, ist gar der Einwand, daß wir nur Körper und nicht den Raum selbst ausmessen können. Natürlich kann man, statt z. B. vom Volumen eines Raumstücks zu reden, auch vom Volumen eines (annähernd) starren Körpers reden, der das Raumstück ausfüllt. Da nun aber der physisch-starre Körper als mathematisch-starrer Körper idealisiert werden kann, und das „Volumen" dieses letzten durch eine Formel (ein dreifaches Integral) ausgedrückt wird, die sich un-

---

[1]) Natorp, a. a. O., S. 301 unten. Dort wird Gauß der Vorwurf gemacht, daß er an diesen Umstand nicht einmal gedacht habe!! Daneben halte man, was derselbe Autor auf S. 325 seines Buches sagt.

[2]) Aloys Müller, Das Problem des absoluten Raumes und seine Beziehung zum allgemeinen Raumproblem. Braunschweig 1911, S. 126.

mittelbar auf die Koordinaten der Punkte des idealisierten Körpers, also auf das von ihm eingenommene Raumstück bezieht, so ist nicht zu sehen, was es für einen Sinn hat, den Begriff des Raumvolumens vermeiden zu wollen. Niemand behauptet ja, daß man ohne Hilfe starrer Körper solche Raumvolumina messen kann. Übrigens ist auch nicht zu begreifen, warum die Urheber des besprochenen Einwandes nicht gleich noch einen Schritt weitergehen, warum sie nicht verlangen, daß vom „Volumen" eines gewissen Empfindungskomplexes gesprochen werde; denn der besprochene Einwand gehört dem positivistischen Gedankenkreis an, und für den konsequenten Positivismus ist der starre Körper ein Empfindungskomplex.

Ganz ebenso verfehlt wie der letzte Einwurf ist die Erinnerung an den Umstand, daß es im strengen Sinne starre Körper nicht gibt, da die physische Existenz solcher Körper doch nicht behauptet oder benutzt wird.

Nicht von schwererem Kaliber ist ferner, wenigstens in seiner ursprünglichen Form, der Hinweis auf den Umstand, daß man dreidimensionale Kontinua in mannigfacher Weise aufeinander abbilden kann. Man scheint zu glauben, daß Gauß, Riemann oder Helmholtz das nicht gewußt oder nicht gegenwärtig gehabt hätten. Hätte dieser Einwand, der besonders Laien einzuleuchten pflegt, irgend einen Sinn, so könnte man aus der Existenz von Landkarten auf die Unmöglichkeit der höheren Geodäsie schließen, während natürlich die Herstellung brauchbarer Karten die höhere Geodäsie zur Voraussetzung hat.

Wie Jeder weiß, darf man auf einer ebenen Landkarte nicht mit gewöhnlichem Maße messen wollen, sondern es muß ein veränderliches Maß benutzt werden, das durch die Art der Verzerrung der Karte bestimmt ist. In diesem Maße ausgedrückt sind aber alle Dimensionen der Karte proportional den entsprechenden Dimensionen auf der Erdkugel; hätten wir nicht gleichzeitig das gewöhnliche Maß zur Hand, so würden wir die Verzerrung der Karte überhaupt nicht als solche wahrnehmen und bezeichnen können. So ist auch ein „verzerrtes" Bild der wirklichen Welt von dieser gar nicht zu unterscheiden, weil eben wir selbst und alle unsere Maßstäbe zu dieser Welt gehören und mit ihr verzerrt werden. Verhalten sich zwei Längen wie 1:2, so tun sie es auch in jedem verzerrten Bilde, wenn man, wie es

durchaus geschehen muß, die verzerrten Längen mit den verzerrten Maßstäben mißt. Da wir aber andere Maßstäbe als
solche, die mit verzerrt werden, in unserem Falle gar nicht kennen,
so hat es keinen Sinn, da überhaupt noch von einer Verzerrung
zu reden [1]).

Einen anderen Charakter hat jedoch eine Modifikation des
letzten Einwands, die in der philosophischen Literatur ihren
Ursprung haben soll, dem Verfasser aber erst in Schriften von
H. Poincaré begegnet ist. Diesen Einwand wollen wir ausführlich besprechen, einmal um der wohlverdienten Autorität des genannten Mathematikers willen, dann aber auch, weil der Einwand
selbst uns lehrreich zu sein scheint, und Licht auf andere Fragen
ähnlicher Art zu werfen geeignet ist.

Poincaré argumentiert so: Man kann z. B. den hyperbolischen Raum (d. h. ein Zahlenkontinuum, das als Substrat der
hyperbolischen oder pseudosphärischen Geometrie dient) auf ein
Stück des Euklidischen Raumes abbilden. Folglich läßt sich Alles,
was man in der Sprache der hyperbolischen Geometrie ausdrücken
kann, auch in der Sprache der Euklidischen ausdrücken. Sollten
also irgend welche zurzeit noch unbekannten Tatsachen uns
zwingen, die überlieferten Anschauungen zu ändern, so könnte die
Übereinstimmung zwischen Theorie und Experiment auf zwei
Wegen wieder hergestellt werden: „Wir könnten der Euklidischen
Geometrie entsagen oder [zugleich mit anderen physikalischen
Gesetzen] die Gesetze der Optik abändern und zulassen, daß das
Licht sich nicht genau in gerader Linie fortpflanzt."

---

[1]) Der Sachverhalt läßt sich besonders einfach in der Sprache
der Gruppentheorie ausdrücken. Bei durchweg eindeutiger und stetiger
Abbildung zweier Zahlenkontinua aufeinander wird jeder Transforma-
tionsgruppe im ersten eine zu ihr ähnliche Gruppe im zweiten zugeordnet. Im genannten Sinne „ähnliche" Gruppen aber sind hier
äquivalent. Keine zwei der vier Bewegungsgruppen Ia, Ib, II, III
sind nun zueinander ähnlich. So wenig ihre Unterschiede durch die
genannten Abbildungen zerstört werden können, so wenig können es
die Unterschiede der zugehörigen Maßbegriffe.

Der ganze Einwand scheint daraus entstanden zu sein, daß
die mathematische Terminologie „Sphärischer Raum", „Euklidischer
Raum" usw. nicht richtig aufgefaßt worden ist. Siehe S. 109.

Vgl. auch die lesenswerte Schrift von F. Hausdorff, Das
Raumproblem (Annalen der Naturphilosophie 8, 1903).

„Es ist unnütz, hinzuzufügen" — fährt Poincaré fort —, „daß Jedermann die letztere Lösung als die vorteilhaftere ansehen würde" [1]).

Die Prämisse ist richtig, aber der letzten so bestimmt hingestellten Behauptung müssen wir ebenso bestimmt widersprechen [2]).

Man mache sich die Sache wieder am Beispiel der Geodäsie klar. Man stellt aus technischen Gründen Stücke der Erdoberfläche, die wir als kugelförmig annehmen wollen, auf ebenen Flächen dar. Man weiß aber auch, daß alle diese Karten nur verzerrte Bilder der Wirklichkeit geben; wenn man eine gewisse — erreichbare — Genauigkeit haben will, so ist der Rückschluß aus der Karte auf die realen Verhältnisse ein nicht ganz einfacher Prozeß wegen des veränderlichen, vom Ort und vielleicht auch noch von der Richtung abhängigen Maßstabes der Karte. Ferner muß die Menge und Willkür der Bilder, die man für dieselbe Sache hat, dann ebenfalls als sehr störend empfunden werden. Unendlich viel Besseres leistet bekanntlich ein Globus, der willkürfrei hergestellt werden kann. Kein Kartograph wird sich zu uns in Widerspruch stellen, wenn wir sagen: Die Hypothese von der Kugelgestalt der Erde müßte als die bei Weitem einfachste auch dann gemacht werden, wenn wir lediglich Messungen im genauen Meeresniveau und z. B. innerhalb Deutschlands zur Verfügung hätten. Diese Hypothese müßte gemacht werden, lediglich, weil sie zweckmäßig ist. Ob sie „richtig" oder „falsch" ist, bliebe dabei ganz unentschieden, ja diese Frage könnte, so wie sie hier gemeint ist, nicht einmal gestellt werden: Es ist klar, daß die hier als die einzigen vorausgesetzten Hilfsmittel nicht zu unterscheiden erlauben zwischen dem Kugelstück und einem daraus durch Verbiegung entstandenen Stück einer anderen Fläche. Wohl aber wird die Annahme, das betrachtete Stück der Erdoberfläche sei eben, auch schon mit diesen Hilfsmitteln als falsch erkannt. Wäre diese Annahme zulässig, so gäbe es kein Problem der Kartenprojektion und keine höhere Geodäsie.

---

[1]) Wissenschaft und Hypothese, 2. Aufl., Leipzig 1906, S. 74.
[2]) Auch Enriques weist in der zitierten Schrift diesen Schluß zurück (S. 266 ff.).

Genau so liegt die Sache im vorliegenden Falle [1]). Die praktische Leistung Euklidischer Modelle einer dreidimensionalen Nicht-Euklidischen Welt aber würde unendlich viel geringer sein als die der Landkarten, da wir wohl eine Karte, nicht aber auch ein solches Weltmodell sinnfällig herstellen können. Außerdem halten uns die Weltkörper nicht still, wie Berge und Meere es doch einigermaßen tun. An Stelle des Modells hätte man in der Praxis ein Tabellenwerk zu setzen, das die Dimensionen einer Bibliothek annehmen müßte. Dazu kommt noch eine theoretische Schwierigkeit: Im Weltraum haben wir nicht, wie auf der Erde, eine feste Triangulationsbasis.

Wenn Poincaré in seiner Polemik gegen gewisse Autoren — es müssen wohl Gauß, Riemann und Helmholtz gemeint sein — von einer „völligen Verkennung des Wesens der Geometrie" redet [2]), so ist zu erwidern, daß er die ganze Frage mißverstanden hat. Es handelt sich keineswegs — wie er sagt — um Empirismus in der Geometrie, sondern um die Rolle der Geometrie im Empirismus [3]). Poincaré kämpft gegen ein Phantom.

---

[1]) Abgesehen von der Dimensionenzahl besteht der ganze Unterschied darin, daß die fingierte Erdoberfläche von uns als Fläche in einem dreidimensionalen Raume aufgefaßt wird. Das ist aber keine logische Notwendigkeit, man kann davon absehen, und dann verhält sich der Raum der Erfahrung, der uns nur eine innere Geometrie zeigt, ganz so wie das Beispiel im Texte.

[2]) Bull. d. Sciences mathématiques, 2e sér., 26, 249, 1902:
„On a déjà beaucoup écrit sur les géométries non-euclidiennes; après avoir crié au scandale, on s'est habitué à ce qu'elles ont de paradoxal; plusieurs personnes sont allées jusqu' à douter du postulatum, à se demander si l'espace réel est plan, comme le supposait Euclide, ou s'il ne présente pas une légère courbure. Elles croyaient même que l'expérience pouvait leur donner une réponse à cette question. Inutile d'ajouter que c'était là méconnaître complètement la nature de la Géométrie, qui n'est pas une science expérimentale."

[3]) Siehe das vorausgehende Zitat und die folgende Stelle im Buche „Wissenschaft und Hypothese", S. 81:
„Wie man sich auch drehen und wenden möge, es ist unmöglich, mit dem Empirismus in der Geometrie einen vernünftigen Sinn zu verbinden."
Wir sind ganz derselben Ansicht, finden aber, daß die Mahnung sich an eine verkehrte Adresse richtet.
Daß das Mißverständnis Poincarés weitere Kreise ziehen würde, war bei der großen Autorität dieses Mathematikers zu er-

Außerdem ist zu sagen, daß er selbst in diesem Falle zwar nicht
das Wesen der Geometrie, wohl aber das Wesen der physikalischen
Hypothesen verkannt hat: Seine Idee ist abzulehnen aus eben den
Gründen, die er selbst, im vorliegenden Falle mit Recht, in den
Vordergrund stellt.

Sollte das über die Geodäsie Gesagte noch nicht überzeugend
genug sein, so braucht man nur die ersten Schritte der Rechnung
zu tun. Wir benutzen dasselbe Beispiel wie Poincaré und stellen
den Ausdruck für das quadrierte Bogenelement im pseudosphärischen Raume:

$$dS^2 = -dx_0^2 + dx_1^2 + dx_2^2 + dx_3^2$$
$$\{x_0^2 - x_1^2 - x_2^2 - x_3^2 = R^2\} \tag{A}$$

zusammen mit den Formeln für dasselbe Bogenelement in den
beiden einfachsten Euklidischen Projektionen dieses Raumes. Wir
projizieren auf den ebenen Raum $x_0 = R$, und zwar zuerst aus
dem Punkte $(0, 0, 0, 0)$, wodurch eine **geodätische Abbildung**
entsteht. So finden wir:

$$x_0 = \frac{R \cdot R}{\sqrt{R^2 - \xi_1^2 - \xi_2^2 - \xi_3^2}},$$

$$x_\varkappa = \frac{R \cdot \xi_\varkappa}{\sqrt{R^2 - \xi_1^2 - \xi_2^2 - \xi_3^2}}, \qquad (\varkappa = 1, 2, 3).$$

$$dS^2 = \frac{R^2 \cdot \left\{ \begin{array}{l} (R^2 - \xi_1^2 - \xi_2^2 - \xi_3^2)(d\xi_1^2 + d\xi_2^2 + d\xi_3^2) \\ + (\xi_1 d\xi_1 + \xi_2 d\xi_2 + \xi_3 d\xi_3)^2 \end{array} \right\}}{(R^2 - \xi_1^2 - \xi_2^2 - \xi_3^2)^2} \tag{B}$$

Wir stellen zweitens eine **stereographische Projektion**
aus dem Punkte $(-R, 0, 0, 0)$ her und erhalten dadurch eine

warten. Siehe z. B. Natorp (S. 302), A. Müller (S. 216), E. Cassirer
(Substanzbegriff und Funktionsbegriff, Berlin 1910, S. 142 ff.), aber auch
Jonas Cohn (Voraussetzungen und Ziele des Erkennens, Leipzig 1908,
S. 250—252). Wie schön wäre es, wenn richtige Gedanken sich auch
nur halb so schnell ausbreiten wollten! — Cassirer ist trotz seines
idealistischen (übrigens wohl mehr eklektischen) Standpunkts ganz
nahe am Richtigen gewesen. „Die Rolle" — sagt er treffend — „die
man ... der Erfahrung zusprechen mag [ich korrigiere: muß], liegt
niemals in der Begründung der einzelnen Systeme [abstrakter Geo-
metrie], sondern in der Auswahl, die wir zwischen ihnen zu treffen
haben" (S. 140). Eine sorgfältige Untersuchung der Grundsätze für
diese Auswahl würde unseren Autor vor seinem Irrtum bewahrt haben.

konforme Abbildung unseres pseudosphärischen Raumes, wieder eine solche von möglichst einfachen Eigenschaften:

$$x_0 = \frac{4\,R^2 + \eta_1^2 + \eta_2^2 + \eta_3^2}{4\,R^2 - \eta_1^2 - \eta_2^2 - \eta_3^2} \cdot R,$$

$$x_\varkappa = \frac{4\,R^2}{4\,R^2 - \eta_1^2 - \eta_2^2 - \eta_3^2}\,\eta_\varkappa \quad (\varkappa = 1, 2, 3).$$

Das quadrierte Bogenelement nimmt jetzt die Form an [1]):

$$d\,S^2 = \left\{\frac{4\,R^2}{4\,R^2 - \eta_1^2 - \eta_2^2 - \eta_3^2}\right\}^2 (d\,\eta_1^2 + d\,\eta_2^2 + d\,\eta_3^2) \quad \text{(C)}$$

Im Falle (B) erscheinen die Lichtwege im Euklidischen Raume als gerade Linien, aber die in Euklidischem Maße gemessene Lichtgeschwindigkeit ist nicht unabhängig vom Orte und nicht einmal von der Richtung des Lichtstrahls. Im Falle (C) ist sie nur vom Orte abhängig, dafür aber sind die Lichtwege Stücke von Kreislinien, die die Kugel

$$\eta_1^2 + \eta_2^2 + \eta_3^2 = 4\,R^2$$

rechtwinklig schneiden. Beide Abbildungen sind so eingerichtet, daß in der Umgebung der Stelle $\xi_1 = \xi_2 = \xi_3 = 0$ oder $\eta_1 = \eta_2 = \eta_3 = 0$ die Nicht-Euklidische Maßbestimmung die Euklidische approximiert. Das hat Interesse, führt aber zu einer erkenntnistheoretischen Schwierigkeit. Wo soll diese Stelle im Raume angenommen werden, im Auge des Beobachters oder im Mittelpunkt

---

[1]) Setzt man hier, der gemachten Hypothese II entsprechend, $K = -\dfrac{1}{R^2}$, so entsteht die von Riemann angegebene Form des quadrierten Bogenelementes:

$$d\,S^2 = \frac{16\,(d\,\eta_1^2 + d\,\eta_2^2 + d\,\eta_3^2)}{\{4 + K\,(\eta_1^2 + \eta_2^2 + \eta_3^2)\}^2},$$

die nun nicht nur für negative Werte von K gilt. (Riemanns Werke, 2. Aufl., S. 282).

In der Literatur finden sich, beiläufig bemerkt, unzutreffende historische Angaben über den Ursprung der konformen Abbildung Nicht-Euklidischer Räume auf den Euklidischen Raum. Poincaré, auch Wellstein, sollen die Urheber dieses Gedankens sein. Indessen findet sich diese Abbildung (samt der geodätischen) schon bei Beltrami (1868—1869, Opere I, art. XXV). Dieser aber hat an Riemann angeknüpft, der, wie die angeführte Formel zeigt, dieselbe Abbildung bereits im Jahre 1854 besaß.

der Erde, oder in dem der Sonne, oder wo sonst? Und reden uns, d. h. uns Mathematikern, die Formeln (B), (C), weil sie nur unabhängige Veränderliche enthalten, darum schon eine deutlichere Sprache als die Formel (A), die einen so viel einfacheren und durchsichtigeren, suggestiveren Bau hat?

Die populären Schriften Poincarés sind gewiß lesenswert; wir wollen die Gelegenheit nicht vorübergehen lassen, sie als eine anregende Lektüre Denen zu empfehlen, die sie noch nicht kennen. Aber mit Kritik muß man doch an sie herantreten. Man hätte nicht gar so viel *cant* darüber in die Welt setzen sollen. Diese προςκύνησις vor allen Berühmtheiten, die natürlich auch jedes Nichtmittunwollen als Verbrechen ansieht und als persönliche Beleidigung empfindet, ist eine wahrhaft verdrießliche Erscheinung. Jede Selbstverständlichkeit wie eine Offenbarung anzustaunen halten nicht Wenige für ihre heilige Pflicht, wenn sie aus dem Munde eines berühmten Mannes kommt. Das automatisch geübte Schwingen von Weihrauchfässern steht aber besonders übel einem Zeitalter an, das sich selbst kritisch zu nennen liebt. Daß der genannte geniale Mathematiker gelegentlich auch recht oberflächlich und dazu noch sehr dogmatisch sein konnte, dafür liefert gerade seine Behandlung des Raumproblems mehr als ein Beispiel. Man glaubt den Verfasser der „Welträtsel" vor sich zu haben, wenn man liest: „daß unser Verstand sich durch natürliche Zuchtwahl den Bedingungen der äußeren Welt angepaßt hat, daß er diejenige Geometrie angenommen hat, welche für die Gattung am vorteilhaftesten war, oder mit anderen Worten, die am bequemsten war" [1]). Geometrie, Geometrie, Euklidische Geometrie, hervorgerufen durch den Kampf ums Dasein im Kopfe eines Australnegers! Oder ergibt sich etwa diese Folgerung nicht? Und eine so anfechtbare Behauptung hingestellt ohne jeden Versuch eines Beweises!

_____

Zu dem Gesagten dürfte noch eine Ergänzung am Platze sein: Es bedarf wohl noch der näheren Begründung, mit welchem Rechte denn wir in unserer Theorie des Raumproblems die Forderung der Einfachheit der Hypothesenbildung gestellt und verwertet haben. Denn keineswegs können wir uns, wie schon gesagt, der Ansicht von Mach, Poincaré und Anderen

_____

[1]) Wissenschaft und Hypothese, 2. Aufl., S. 90.

anschließen, die in der Denkökonomie oder Ähnlichem ein oberstes Prinzip der Wissenschaft finden wollen. Eine Hypothese muß vor allen Dingen wahrscheinlich sein.

Der entscheidende Punkt ist, daß es sich hier um eine Wahl zwischen Hypothesen handelt, die den gleichen Tatbestand erklären. In Fällen dieser Art, die nicht die Regel bilden, kennen wir kein anderes Mittel, eine Entscheidung herbeizuführen, als eben die Einfachheit oder Zweckmäßigkeit der Tatsachenerklärung.

Eine ältere Lichttheorie vermochte nicht zu entscheiden, ob die Schwingungsebene polarisierten Lichtes die Polarisationsebene war oder senkrecht zu ihr. Die eine Annahme war so einfach wie die andere; daher betrachtete man beide als gleich wahrscheinlich und berücksichtigte sie beide — bis eine neue, kühner erdachte und weiter reichende Lichttheorie beiden den Garaus machte, indem sie die ihnen zugrunde liegenden brauchbaren Gedanken in sich aufnahm.

Ein anderes Beispiel, in dem das Wesen der Sache besonders klar hervortritt, liefert die kinetische Gastheorie. Gegen diese ist sehr häufig der Einwand erhoben worden, daß sie das Einfache auf ein Verwickeltes zurückzuführen suche. Es will Manchem nicht einleuchten, daß ganz einfache, zahlenmäßig auszudrückende Gesetzmäßigkeiten die Folge sein sollen eines chaotischen Zusammenspiels von Milliarden von Molekeln. Ist nun dieser Einwurf der mangelnden Einfachheit der Hypothese berechtigt?

Vielleicht würde eine solche Frage zu bejahen sein, wenn die atomistische Hypothese eben weiter nichts leistete, als gewisse Eigenschaften der Gase zu erklären. Wenn wir aber diese Hypothese mit anderen Annahmen vergleichen, durch die man diese Eigenschaften ebenfalls erklären, oder, wenn man will, „beschreiben" kann [1]), so fällt der enorme Unterschied in der Tragweite dieser Hypothesen in die Augen. Unsere Voraussetzung ist nicht erfüllt, daß die konkurrierenden Annahmen sich auf denselben Tatsachenkomplex erstrecken. Die atomistische Hypothese bezieht sich auf das Ganze der Natur. Daß man aber aus diesem Ganzen künstliche Ausschnitte machen kann, in denen man mit einfacheren Mitteln zum Ziele kommt, ist zu erwarten, und

---

[1]) Wir sehen hier davon ab, daß eine bloße Beschreibung auch in solchem Falle nicht als genügend erachtet werden kann. Siehe darüber S. 38 und 44.

kann also nichts Befremdliches haben[1]). Genau so verhält es
sich auch mit der Gravitationshypothese in ihrer Anwendung auf
die Bewegung der Himmelskörper. Auch sie könnte man mit
dem gleichen Argument zu Falle bringen, wenn es berechtigt wäre.
Denn für viele Zwecke der Astronomie — also wieder in einem
künstlichen Ausschnitt aus dem Naturganzen — ist es hinreichend,
die Himmelskörper wie Massenpunkte zu behandeln. Zur Darstellung ihrer Bewegung reicht dann das Newtonsche Gesetz für
punktförmige Massen aus. Die Hypothese der allgemeinen Gravitation aber führt diese Anziehung auf eine Anziehung zurück,
die sich auf ausgedehnte Körper bezieht und von Teilchen zu
Teilchen wirkt; sie führt also ebenfalls ein Einfaches auf ein Verwickeltes zurück. Dafür hat sie die größere Tragweite, und das
ist entscheidend.

Wir lernen hieraus: Die weiter reichende Hypothese
verdient den Vorzug, und nur *ceteris paribus*, da, wo alle
anderen Mittel der Urteilsbildung versagen, tritt die
Forderung der Einfachheit in ihr Recht.

Dieser Fall liegt nun aber außerordentlich häufig vor. Genau
so verhält es sich nämlich überall da, wo in der Physik quantitative Beziehungen hypothetisch eingeführt werden. Es gibt kein
physikalisches Gesetz, das nicht in mannigfachster Weise so ab-
geändert werden könnte, daß auch noch das neue Gesetz Dasselbe
leisten würde wie das alte. Es wird aber Dasselbe in der Regel auf
eine viel weniger einfache Weise leisten. Daher zieht es der
Physiker, mit vollem Rechte, meist gar nicht erst in Betracht.

Daß wir nun, *ceteris paribus*, die einfachere Hypothese auch
als die wahrscheinlichere, der unbekannten Wirklichkeit
näher kommende anzusehen geneigt sind, hat seinen Grund in
einer Ansicht, die vielleicht als mystisch gelten mag[2]), aber doch

---

[1]) Die Notwendigkeit solcher Ausschnitte erörtert H. Weber bei
Poincaré, Wert der Wissenschaft, S. 238 u. ff. Leipzig 1906.

[2]) Als der Verfasser das schrieb, dachte er in seinem schwarzen
Herzen: Ob nicht irgend ein Positivist das gesagt haben wird? Und
richtig! Bei Mach steht es, wenigstens dem Sinne nach. (Erkenntnis
und Irrtum, S. 454.) Dagegen finden wir uns hier im Wesentlichen in
Übereinstimmung mit Poincaré, der, freilich für seinen pragmatistischen Standpunkt mit geringer Konsequenz, dem Gegenstand eine
ausführliche Erörterung ungefähr im Sinne des Textes gewidmet hat.
(Wissenschaft und Hypothese, S. 147 u. ff.)

in einer ausgedehnten Erfahrung, in der aufgespeicherten Erfahrung wissenschaftlich arbeitender Generationen, wurzelt und darin ihre induktive Rechtfertigung findet. Im Gegensatz zum primitiven Menschen, dem Animisten, der überall Dämonen sieht, glaubt der im wissenschaftlichen Denken geübte Forscher, daß die Natur mit einfachen Mitteln arbeitet und auch die verwickeltsten Erscheinungen nur durch ein Zusammentreffen vieler an sich einfacher Wirkungen zustande bringt. Gelingt es uns nicht, im Verwickelten das Einfache zu sehen, so suchen wir bescheiden die Schuld in uns, in der Unvollkommenheit unserer Hilfsmittel, Kenntnisse und Fähigkeiten, niemals aber suchen wir sie in der Natur. Überall suchen wir das Einfache, weil jeder große wissenschaftliche Fortschritt ein Fortschritt in dieser Richtung war. Wir glauben an die größere Wahrscheinlichkeit des recht verstandenen Einfachen, weil wir von der Möglichkeit eines stetigen Fortschritts überzeugt sind. Und das Recht dazu schöpfen wir aus der Erfahrung[1]).

So ist es denn also wohl auch berechtigt, bei Behandlung des Raumproblems die Forderung der Einfachheit der Hypothesenbildung nach Möglichkeit auszunutzen. Nach Möglichkeit und mit genügender Vorsicht, da wir des Umstands eingedenk sein müssen, daß der Klassifizierung „einfach - verwickelt" eine vielleicht allzu subjektive, nicht eindeutige, nicht notwendige Urteilsbildung zugrunde liegt, und daß neue Tatsachen uns zwingen können, unser Urteil zu ändern. Zu einem „Prinzip" oder Dogma dürfen wir eine solche aus der wissenschaftlichen Praxis abstrahierte Regel nicht werden lassen.

Man wird jetzt erkennen, warum wir in der Theorie des Raumproblems den Prozeß der Hypothesenbildung, abweichend von dem sonst Üblichen, in zwei Schritte zerlegt haben (Abschnitte VI, VIII). In beiden Fällen mußten wir die Grenzen der

---

[1]) Man hat versucht, die Vorzugsstellung der einfacheren Hypothesen durch eine Berufung auf die Wahrscheinlichkeitsrechnung zu motivieren. Wir müssen das für mißlungen halten. Es fehlt hier jeder Anhaltspunkt für zahlenmäßige Abschätzungen. Außerdem ist einzuwenden, daß die Anwendung des formalen Wahrscheinlichkeitskalkuls auf die wirkliche Welt selbst erst noch der erkenntnistheoretischen Motivierung bedarf. Es sieht sogar beinahe so aus, als ob die Forderung der Einfachheit durch einen Verstoß gegen eben diese Forderung motiviert werden sollte.

Erfahrung überschreiten. Indem wir aber, beim zweiten Schritt
der Hypothesenbildung, die Forderung stellten, daß auch noch ein
beliebig ausgedehnter starrer Körper dieselbe Art von Beweglichkeit haben soll, wie einer, den wir etwa im Zimmer realisieren
können, haben wir die Grenzen der Erfahrung auf ganz andere
Art überschritten, als im ersten Fall. Die Einschränkung in der
Hypothesenbildung wurde nun so stark, daß nur noch vier Möglichkeiten übrig blieben, im Gegensatz zu unendlich vielen, die bleiben,
wenn man Alles zulassen will, was noch zu den Tatsachen im zu-
gänglichen Raumstück paßt. Es mag nun Jemand den Standpunkt einnehmen, daß er die Motivierung des zweiten Schrittes
unserer Hypothesenbildung wesentlich schwächer findet, als die
des ersten. Einem solchen Beurteiler haben wir keine Gewalt an-
getan: Er mag, wenn es ihm beliebt, uns bis Kapitel VII folgen
und dann das Weitere fallen lassen.

Ein weiterer Punkt, der noch zur Sprache gebracht werden
soll, ist folgender.

Wir haben, in unserem IV. Abschnitt, den idealistischen
Lösungsversuch des Raumproblems als verfehlt nachgewiesen.
Ebenso haben wir jetzt die vom pragmatistischen Standpunkt ver-
suchte Lösung Poincarés als ungenügend erkannt — nicht weil
wir im vorliegenden Falle die Forderung, von der Poincaré aus-
geht, als unberechtigt hinstellen könnten, sondern weil wir finden,
daß dieser Mathematiker sich die Konsequenzen seiner Forderung
nicht genügend überlegt hat. Wie steht es nun aber, so wird
wohl mancher Leser fragen, mit der positivistischen Theorie
des Raumproblems?

Die Antwort ist, daß es eine solche Theorie nicht gibt und
auch nicht geben kann. Denn schon die Existenz einer natürlichen Geometrie ist ja eine transzendente, oder, in der Sprache
dieser Gegner des Realismus, metaphysische Hypothese. Ganz gewiß
ist der Raum, in dem wir leben, kein Empfindungskomplex. Daher
läßt der Positivist (Mach, Enriques) schon hier sein Prinzip
fallen und begibt sich auf den realistischen Standpunkt. Es
ist das Beste, was geschehen kann, zeigt aber wieder, schon beim
ersten Schritt zum Aufbau der theoretischen Physik, die Unfähig-
keit des Positivismus, den Tatsachen gerecht zu werden.

X.
Die Axiomatik in der Geometrie.

Wir kommen jetzt zu einem letzten Gegenstand, dem wir eine ausführlichere Darlegung widmen wollen, als die Theorie des Raumproblems es erfordern würde, da er uns ein selbständiges Interesse zu haben scheint. Wir meinen die Frage nach der Bedeutung der sogenannten Axiome in der Geometrie.

Wer uns bis hierher gefolgt ist, dem mag es aufgefallen sein, daß von solchen Axiomen nie die Rede war, während die sonstige Literatur des Raumproblems von Erörterungen über eben diese Axiome voll ist. Da wir das Raumproblem trotzdem behandeln konnten, so ist bereits nachgewiesen, daß zwischen ihm und den üblichen Axiomen ein schlechthin notwendiger Zusammenhang nicht besteht. Wir wollen das aber nun noch genauer begründen.

Der moderne Forscher wird immer induktiv zu Werke gehen, von Tatsachen sich leiten lassen wollen. Aber in den sogenannten Tatsachen pflegen bereits Hypothesen zu stecken. Immer liegt dem Worte Tatsache eine Urteilsbildung zugrunde, und diese kann irrig sein, ohne daß eine durch sie veranlaßte Hypothese dadurch entwertet würde. Die Euklidische Hypothese z. B. wird dadurch nicht unbrauchbar gemacht, daß man aufhört, das sogenannte Parallelenaxiom für die Tatsache (sei es der Anschauung oder der Erfahrung) anzusehen, die es für Viele ist. Ein endgültiges Urteil über eine Hypothese kann also nicht auf Grund ihrer mehr oder minder zufälligen Entstehungsgeschichte gefällt werden: Man denke auch an den Anteil, den mystische Vorstellungen an der Entdeckung der drei Gesetze Keplers hatten. So kann es also für den Empiriker, der z. B. die Euklidische Geometrie für seine Zwecke verwenden will, wenigstens keine Frage von vitaler Bedeutung sein, wie diese Geometrie sich historisch entwickelt hat oder wie sie heutzutage begründet werden soll: Verlangen muß er nur erstens eine logisch-einwandsfreie Ableitung dieser Geometrie (als eines Systems abstrakter Begriffe), zweitens, daß er das fertige System, als Hypothese, überhaupt brauchen kann.

Ganz interesselos steht nun aber der Empiriker der Frage, wie irgend eines unserer Systeme physischer Geometrie begründet werden soll, denn doch nicht gegenüber: Er hat ja mit seinen eigenen Problemen genug zu tun, und so wird er vom Mathematiker verlangen dürfen, nicht mit Subtilitäten behelligt zu werden, die ihm für die Erkenntnis der Natur nichts nützen. Der Empiriker braucht z. B. die Euklidische Geometrie in der·Form des Cartesischen Systems. Der kürzeste Weg dazu aber führt ganz gewiß nicht über irgend welche Axiome, sondern durch die Analysis, die ja ohnehin nicht entbehrt werden kann. Wie schon Helmholtz gelegentlich bemerkt hat, ist es ja eine leichte Sache, aus dem Ausdruck für das Quadrat der Entfernung zweier Punkte *in abstracto* das ganze System der Euklidischen Geometrie zu entwickeln, und Entsprechendes gilt, wie wir wissen, von den anderen Systemen physischer Geometrie [1]). Zudem würde sich das induktive Verfahren mit dem analytischen verbinden lassen, so daß die Betrachtung des Entfernungsquadrates oder der entsprechenden Ausdrücke in den anderen Fällen ihre natürliche Motivierung fände. Auch wird die Anwendung der „synthetischen" Methode durch die analytische Grundlage nicht ausgeschlossen. Unvergleichlich viel schwieriger und zeitraubender aber ist, darüber kann gar kein Zweifel bestehen, die sogenannte axiomatische Begründung derselben Systeme von abstrakten Begriffen und Lehrsätzen[2]). So würde also für unseren Freund, den Empiriker und Naturphilosophen, das ganze Problem der axiomatischen Begründung seiner Geometrie zu bloß historischer Bedeutung zusammensinken. Was sollten auch die modernen Früchte am Baume der Axiomatik ihm bieten, welche Bedeutung könnte für ihn z. B. eine Nicht-Archimedische, Nicht-Pascalsche, Nicht-Legendresche Geometrie haben? Die Natur scheint eine andere Sprache zu reden. Einzelne Resultate, die auch einen nicht allzu engherzigen Empiriker vielleicht noch

---

[1]) Siehe die Entwickelungen S. 84—95, 105—109.

[2]) Diese Schwierigkeiten scheinen sogar noch nicht einmal ganz überwunden zu sein. Doch legen wir darauf kein Gewicht, da sie sicher nicht unüberwindlich sind. Manche Einwände treffen zudem mehr die Darstellungsform als die Sache.

interessieren mögen, könnten ja aus dem Rahmen der Axiomatik herausgenommen werden.

Verlassen wir nun aber den Standpunkt des Naturphilosophen und Empirikers, und stellen wir uns auf den Boden der reinen Mathematik, so kann die Frage, wie Geometrie — jetzt nicht nur physische Geometrie — wissenschaftlich begründet und betrieben werden soll, ebenfalls aufgeworfen werden. Man hat sie aufgeworfen und auch beantwortet. So lesen wir bei einem begeisterten Bewunderer der modernen Axiomatik, daß für viele produktive Mathematiker die Geometrie erst da anfängt, wo sie auf Axiome gebracht ist[1]). Und das scheint wirklich eine weit verbreitete Meinung zu sein, wenigstens ist unseres Wissens nie eine gegenteilige Ansicht vom Wesen der Geometrie öffentlich vertreten worden, und das allgemeine Interesse an der Axiomatik ist unleugbar.

Was ist nun der Sinn dieser Forderung? Ist sie als Norm für den Betrieb dessen, was „Geometrie" heißen soll, berechtigt? Muß nicht der Mathematiker stets auf die heute sogenannte Ökonomie des Denkens bedacht sein? Wie kommt es also, daß so Viele einen steilen und steinigen Pfad dem Königsweg der Analysis vorziehen? Hat man einen solchen Überfluß an verfügbaren Kräften? Das sind die Fragen, deren Beantwortung wir noch versuchen wollen.

Man kann auf den Gedanken kommen, daß es sich nur um eine etwas dogmatische Umgrenzung des Begriffs Geometrie handelt, so daß durch Änderung eines Wortes die ganze Frage aus der Welt geschafft werden könnte. So steht die Sache indessen nicht. Es liegt vielmehr ein wissenschaftliches Ideal vor, das im Betrieb der modernen Mathematik sich auch sonst noch auf die mannigfachste Art durchzusetzen sucht. Unsere mathematischen Zeitschriften legen Zeugnis davon ab. Fast Alles und Jedes scheint nach der Meinung der am Weitesten gehenden Vertreter dieser Richtung umgearbeitet und „auf Axiome gebracht" werden zu sollen, ganz als ob die bisher vorwiegend übliche genetische Darstellungsform nichts taugte. Mit Übertreibungen dieser Art, die eine etwa als Axiomiasis zu bezeichnende wissen-

---

[1]) Wellstein bei Weber und Wellstein, Elementarmathematik 2, 114, und überhaupt S. 22 u. ff. (Leipzig 1905.)

schaftliche Modekrankheit darstellen, haben wir es jedoch nicht zu tun. Man muß sie sich austoben lassen: Gleich allen Moden werden sie von selbst aufhören. Wir wollen vielmehr die sehr beachtenswerten Erscheinungen untersuchen, auf die sich die Schule der sogenannten Axiomatiker als klassische Muster beruft. Und auch in dieser Beschränkung bleibt es interessant, wie ein solches Ideal in unseren Tagen in den Vordergrund des wissenschaftlichen Interesses rücken konnte. Dieses Ideal ist nämlich das vielleicht überhaupt älteste wissenschaftliche Ideal, jedenfalls aber stammt es aus dem Altertum.

Es ist wohl natürlich, daß der etwas gekünstelte, aber geistvolle Aufbau des Euklidischen Systems der Elementargeometrie späteren Forschern zum Vorbild wurde und sie nicht nur zur Verbesserung der darin vorhandenen Mängel angeregt hat, sondern auch zum Ausbau verwandter Gedankensysteme. Auch durfte man die freilich nicht in Erfüllung gegangene Hoffnung nähren, daß dieselbe Kritik, die zur Entdeckung der Nicht-Euklidischen Geometrie geführt hatte, noch zu weiteren Entdeckungen von ähnlicher Bedeutung hinleiten würde.

Die grundsätzliche Ablehnung der Analysis als einer Basis der Geometrie ist aber damit nicht gegeben und fordert eine andere Erklärung.

Soviel wir sehen, hat diese Urteilsbildung nun einen doppelten Grund. Zunächst einen historischen. Es war nämlich, wie es scheint, der Weg zur Geometrie, der durch die Analysis führt, sogar zu Gauß' Zeiten noch nicht recht gangbar. Allerdings fällt es uns heute schon schwer, uns in die Anschauungen selbst einer so wenig zurückliegenden Periode hineinzudenken. Aber mit ziemlicher Wahrscheinlichkeit darf doch gesagt werden, daß sogar die zuvor skizzierte Begründung der abstrakten Euklidischen Geometrie Zeitgenossen von Gauß und wohl auch Gauß selbst als nicht einwandsfrei erschienen sein würde. Noch einer viel späteren Periode schien ja alle Analysis stetig-veränderlicher Größen geometrischen Ursprunges zu sein, in eben der (Euklidischen) Geometrie ihre Quelle zu haben, um deren Begründung es sich handelt [1]). Erst der modernen Theorie der Irrationalzahlen,

---

[1]) Siehe Dedekind, Stetigkeit und irrationale Zahlen (Braunschweig 1872), Vorwort. Dort wird 1858 als das Jahr angegeben, in dem die arithmetische Definition der Stetigkeit ihrem Urheber gelang.

den Forschungen von Dedekind, Weierstraß und G. Cantor
(um 1870) verdanken wir die Einsicht in die wahre Leistungsfähigkeit der Analysis, nämlich in ihre Unabhängigkeit von aller
Geometrie. So wäre also unsere Begründungsart für Gauß und
noch für viele Spätere ein Zirkelschluß gewesen. Tatsächlich haben
noch im Jahre 1889 R. Ball und Cayley gegen die Kleinsche
Begründung der Nicht-Euklidischen Geometrie einen Einwand erhoben, der bei genügender Einsicht in die Tragweite der Analysis
als illusorisch hätte erkannt werden müssen[1]). Daß aber die
besprochene Umwälzung nicht überall sofort in ihrer ganzen Bedeutung erkannt wurde, daß die einmal gebildeten Urteile eine
gewisse Lebenszähigkeit bewiesen, kann nicht wundernehmen.
Wir lesen sogar noch bei Poincaré: „Niemand zweifelt daran,
daß die gewöhnliche Geometrie von Widersprüchen frei ist. Woher
kommt uns diese Gewißheit und ist sie gerechtfertigt? Darin
liegt eine Frage, welche ich hier nicht zu behandeln weiß, welche
aber sehr interessant ist und die ich nicht für unlösbar halte"[2])!
Der Solches schrieb, hatte offenbar die angeführten Tatsachen
nicht gegenwärtig. Unsere These dürfte hiermit bewiesen sein.
Ist es dann aber sicher, daß Gauß, auch wenn er Dedekinds
arithmetische Definition der Stetigkeit und die darauf ruhende
rein-analytische Begründung der Euklidischen und Nicht-Euklidischen Geometrie gekannt hätte, an seiner eigenen schwierigen
Begründung als der allein annehmbaren festgehalten haben würde?

Indessen historisch-psychologische Gründe, die suggestive
Macht einer Tradition, die sich auf eine Reihe glänzender Namen
berufen darf, erklären allein die besprochene Erscheinung wohl
noch nicht. Es kommt als sachlicher und Hauptgrund die Forderung hinzu, die Grundlagen der (physischen) Geometrie aus sogenannten Tatsachen der Anschauung abzuleiten. Der Fehler
der von uns kritisierten Philosophen, die ebenfalls von der Anschauung aus zu einer eindeutig bestimmten Geometrie gelangen
wollen, wurde von den Mathematikern vermieden, aber die Forderung der „Anschaulichkeit" blieb als Kriterium eigentlich-geometrischer Untersuchungen bestehen. Unter Anschaulichkeit
scheint man freilich dabei nicht immer Dasselbe zu verstehen.

---

[1]) Siehe Math. Ann. 87, 545, 1899.
[2]) Wissenschaft und Hypothese 1906, S. 44 (Übersetzung nach der
siebenten Auflage des französischen Originals).

Einige nehmen das Wort im Sinne der Kantischen Anschauung
a priori, für Andere bedeutet es nur noch die Anlehnung der
abstrakten Begriffe an Figuren, die gezeichnet, oder an Modelle,
die körperlich hergestellt werden können.

Aber beim Fortschreiten zu verwickelteren Beziehungen verläßt uns die „Raumanschauung" bald genug, und die Versinn-
lichung abstrakter Sätze durch Zeichnungen und Modelle findet
noch früher ihre Grenzen. Im ganzen System der Geometrie durch-
führbar war jene Forderung also nicht, und so stellte man sie
wenigstens, im Falle der Systeme physischer Geometrie, für die
Grundlagen. Diese Grundlagen wurden für die weitere deduktive
Entwickelung eben die Axiome, oder, wie sie auch heißen, Postulate. Der Inhalt dieser Axiome galt (und gilt) als anschaulich: Die Ablehnung der Analysis, die ganz gewiß nicht
anschaulich ist, als eines Ausgangspunktes, ergab sich als un-
vermeidliche Folgerung.

So heißt es bei Hilbert (Grundlagen der Geometrie, 2. Aufl.,
Leipzig 1903): „Die Geometrie bedarf — ebenso wie die Arithmetik — zu ihrem folgerichtigen Aufbau nur weniger und einfacher Grundsätze. Diese Grundsätze heißen Axiome der Geometrie.
Die Aufstellung der Axiome der Geometrie und die Erforschung
ihres Zusammenhanges ... läuft auf die logische Analyse
unserer räumlichen Anschauung hinaus." Und bei
F. Schur (Grundlagen der Geometrie, Leipzig 1909) wird als
Forderung einer wissenschaftlichen Darstellung „der Grundlagen der Geometrie" hingestellt: „Ein einfaches und vollständiges
System voneinander möglichst unabhängiger Tatsachen der Anschauung oder (?) Axiome aufzustellen, aus denen die Geometrie
auf rein logischem Wege hergeleitet werden kann." „Damit
unsere Arbeit überhaupt den Namen Geometrie verdiene,
scheint es uns notwendig, daß diese Axiome oder Postulate das
Resultat der einfachsten und elementarsten Beobachtungen der
natürlichen Figuren ausdrücken, aus deren Abstraktion sie entstanden sind. Es dürfte also z. B. nicht erlaubt sein, ein
Axiom an die Spitze zu stellen, das aussagt, der Raum sei eine
Zahlenmannigfaltigkeit, in der jeder Punkt durch drei Koordinaten
bestimmt ist [1])."

---

[1]) Die hervorgehobenen Worte sind es in den Originalen nicht.

Was sollen wir zu alledem sagen? Gäbe es wirklich so etwas wie eine „logische" Analyse der Raumanschauung, dann in der Tat würden auch wir, gleich Anderen, dem Thema der genannten Schriften die Vorzugsstellung zugestehen müssen, die es im Vergleich zu anderen geometrischen Problemen mindestens dem Scheine nach beansprucht. Aber in Wirklichkeit hat Hilbert keine Raumanschauung, sondern ein fertig vorgefundenes System abstrakter Lehrsätze analysiert. Und auch die Forderung unseres zweiten Autors, daß wenigstens der Ausgangspunkt geometrischer Untersuchungen im „Anschaulichen" liegen soll, scheint uns einen stark dogmatischen Beigeschmack zu haben. Es ist wahr, eine aus der Analysis geschöpfte „Geometrie" ist nicht Geometrie im Sinne des Altertums, auch nicht im Sinne von Gauß, Lobatschewskij, Bolyai, Poncelet, Steiner, v. Staudt. Aber auch die moderne Differentialgeometrie, die sich ebenfalls auf Gauß berufen darf, die höhere algebraische Geometrie genügen dieser Forderung nicht. So entsprach auch die Mechanik eines Lagrange nicht dem Geiste der Newtonschen Mechanik. So entspricht jeder methodische Fortschritt nicht dem Geiste einer älteren Periode. Und warum der analytischen Begründung irgend eines Zweiges abstrakter Geometrie Wissenschaftlichkeit abgesprochen werden soll, ist vollends nicht einzusehen [1]).

Ausschlaggebend für die Beurteilung der Sachlage scheint uns der Umstand zu sein, daß eine von der Analysis wirklich unabhängige Geometrie, wie das antike Ideal sie eigentlich verlangen würde, sich als eine Utopie herausgestellt hat. Die sogenannten Axiome oder Postulate sind ja offenbar nichts anderes als Hypothesen [2]); Hypothesen wie andere, man sieht nicht, warum

---

[1]) Dagegen kann in gewissem Sinne von Unwissenschaftlichkeit der herkömmlichen analytischen Geometrie geredet werden. Denn bei deren Darstellung setzt man immer Schulkenntnisse voraus, die auf nicht einwandsfreie Weise erworben zu werden pflegen. Wie das in Büchern für Anfänger vermieden werden soll, weiß der Verfasser nicht zu sagen, aber „wissenschaftlich" ist es gerade nicht. Übrigens lassen sich auch noch allerlei andere Einwände gegen die üblichen Lehrbücher erheben. Siehe z. B. Archiv f. Mathematik u. Physik 21, 218—220, 1913.

[2]) Ebenso hat B. Riemann die Axiome der Mechanik beurteilt: Ges. Werke, 2. Aufl., S. 525.

„Die Unterscheidung, welche Newton zwischen Bewegungsgesetzen oder Axiomen und Hypothesen macht, scheint mir nicht haltbar. Das

sie nicht so genannt werden. „Es gibt — so wird angenommen — Dinge, die diese oder jene Eigenschaften haben." Gibt es solche Dinge? Die Anschauung kann es nicht lehren, und die Erfahrung ebensowenig. Dies haben unsere Autoren sehr wohl erkannt; sie entwickeln daher aus ihren zunächst versuchsweise hingestellten Annahmen die Folgerungen so weit, bis sich zeigt, daß das konstruierte geometrische Gebäude mit einer aus der Analysis schon bekannten begrifflichen Struktur zusammenfällt. Die Forderungen des Logikers sind dann befriedigt; es ist bewiesen, was bewiesen werden kann [1]). Aber hat man sich dann nicht eine zum Mindesten

---

Trägheitsgesetz ist die Hypothese: Wenn ein materieller Punkt allein in der Welt vorhanden wäre und sich im Raum [dem absoluten Raume Newtons] mit einer bestimmten Geschwindigkeit bewegte, so würde er diese Geschwindigkeit beständig behalten."

Gleich diesen „Axiomen" der Mechanik sind Hypothesen, nur solche von größerer Tragweite, auch die „Prinzipe" der Mechanik (Prinzip des kleinsten Zwanges, Hamiltonsches Prinzip und andere).

Man hat auch gesagt, die Axiome seien Definitionen. Der Unterschied ist aber der, daß bei den sonst so genannten Definitionen der Mathematik die Existenz des Definierten nicht zweifelhaft ist oder sogleich nachgewiesen wird. Von der Axiomatik jedoch gilt unbehaglicherweise wirklich eine Strecke weit das, was einer ihrer Vertreter, Russell, paradox und unzutreffend, von der Mathematik im Ganzen behauptet hat: Sie ist die Wissenschaft, bei der man nicht weiß, wovon man redet, noch ob was man sagt, richtig ist.

[1]) Versuche, auch noch die Widerspruchsfreiheit der Analysis zu erweisen, können wohl nicht gelingen. Die Analysis ist ein Zweig der reinen Logik; man kann aber nicht mit Hilfe der Logik die Widerspruchsfreiheit eben dieser Logik begründen wollen. Gibt man aber die Widerspruchsfreiheit der Logik zu, so steckt darin, soviel wir sehen, auch schon die Widerspruchsfreiheit der Analysis.

Die Widerspruchsfreiheit der Logik benutzt man auch bei axiomatischem Aufbau jeder Art von Geometrie. Daher kann man nicht wohl auf den ohnehin unnatürlichen Gedanken kommen, etwa die Analysis aus einer vorher axiomatisch begründeten „Geometrie" (einer ganz speziell angelegten Art von Geometrie im dreidimensionalen Punktkontinuum!) ableiten zu wollen.

Die Widerspruchsfreiheit der Analysis wird man also ohne Beweis zugeben müssen. Dann aber würde man eine unnötige Hypothese machen, wenn man auch noch die Widerspruchsfreiheit axiomatisch hingestellter geometrischer Systeme, wie z. B. der Euklidischen Geometrie, ohne Beweis annehmen wollte, da dieser Beweis nun geführt werden kann. (Ältere rein-geometrische Werke machen diese überflüssige Hypothese wohl immer, ohne sie als solche zu erwähnen.)

entbehrliche Mühe gemacht? Nach Ausführung logischer Kletter-
künste ersten Ranges ist man glücklich da angelangt, wo man
schon war: Einige am Wege gepflückte Blumen sind das positive
Ergebnis der Übung. Ein merkwürdiges Ideal: Die Schlange,
die sich in den Schwanz beißt, wird der Mathematiker sich doch
sonst nicht in den Siegelring gravieren lassen. Sie ist nicht
Symbol des Fortschritts. Man will eine möglichst einfache Grundlage der Geometrie, will aber nicht die Analysis, die man doch
nicht entbehren kann, und die für sich allein schon hin-
reicht. Möglichst wenige spezifisch-geometrische „Axiome" will
man, aber mit dem Minimum Null ist man nicht zufrieden. Man
nimmt die Statue der Geometrie von dem breiten und sicheren
Postament weg, auf dem sie heute wohl Ruhe finden dürfte, um
sie auf ein möglichst schmales zu setzen, man will sie wieder
dorthin stellen, wo sie früher einmal gestanden hatte. Aber der alte
Sockel ist morsch geworden und hat zu seiner Stütze selbst noch
den neuen nötig, eben den, der beseitigt werden sollte. Und so
erreicht man nicht eine Verringerung, sondern eine Vermehrung
der Voraussetzungen, die bei Aufbau dieser oder jener Art von
abstrakter Geometrie gemacht werden (siehe S. 85). Gibt es
wirklich keine dringenderen Aufgaben? Sollte es nicht zum
Beispiel nützlicher sein, sich das Götterbild selbst einmal etwas
genauer anzusehen und dann einige der zahllosen und zum Teil
schweren Schäden [1]) auszubessern, die eine fortgesetzte barbarische
Behandlung dem Kunstwerk zugefügt hat? Um dieses Kunst-
werkes willen ist doch wohl das Postament da?

Wir wünschen, hier sehr deutlich zu sein und jedes Mißverständnis auszuschließen. Wir haben alle Anerkennung für den
in diesen Untersuchungen aufgebotenen Scharfsinn. Aber in der
Mathematik wie in der Geographie ist die Überwindung von
Schwierigkeiten an sich nur Sport. Zu einer wissenschaftlichen

---

Hilberts Parallelisierung von Geometrie und Arithmetik können
wir hiernach nicht für glücklich halten. Die Arithmetik und alle
Analysis kann der Geometrie völlig entraten, während das Umgekehrte
nicht zutrifft.

[1]) Das ist nicht etwa eine Übertreibung. Der Verfasser hat sich
darüber in einer Reihe von Kritiken ausgelassen, die keinen oder nur
sehr schwachen Widerspruch gefunden haben. Man spricht nicht gern
davon, aber Jeder, der es wissen will, weiß heute, daß es wirklich
so ist.

Leistung wird sie erst durch eine genügende Motivierung der Probleme. An diesem Punkte, der überhaupt in der Mathematik Schwierigkeiten bietet, setzt unsere Kritik ein, die sich ausschließlich gegen die zurzeit übliche Überschätzung dieser Art von Untersuchungen und gegen den Anspruch richtet, daß die Beschäftigung mit solchen Dingen zu den unerläßlichen Aufgaben des Geometers gehört. Wenn Jemand sein Interesse auf eine bestimmte Seite der Geometrie konzentriert, so ist das sein gutes Recht[1]). Er wird auch dann noch im Rechte sein, wenn er sich gar nicht für Geometrie interessieren will, wiewohl die gegenwärtig bemerkbare stete Zunahme der ἀγεωμέτρητοι unter den Mathematikern Den bedenklich stimmen muß, dem eine vielseitige Ausbildung der heranwachsenden Generation und ein gesunder Zustand des Ganzen der Mathematik am Herzen liegt. Wo man aber einer Wissenschaft Grenzen und Richtlinien anweisen will, da dürfen und müssen die Gründe dafür geprüft werden.

Es ist ein vielleicht etwas grausames, aber erlaubtes Experiment, eine Wurzel eines Baumes in eine Flasche mit irgend welchen Chemikalien zu setzen und die Veränderungen zu studieren, die dadurch hervorgebracht werden. Aber daß ein dringendes Bedürfnis zu dieser Art von experimenteller Pathologie bestände, müssen wir in Abrede stellen. Jedenfalls gibt es viel dankbarere Aufgaben, denen ein jüngeres Geschlecht sich widmen kann, als das nachgerade langweilig werdende Hin- und Herschieben und Fallenlassen von Axiomen. Zu bemerken ist auch, daß die von den Axiomatikern betonte Wiederkehr der gleichen logischen Verkettungen in verschiedenen Gebieten schon längst Gemeingut der Geometer war und in einer ausgedehnten Reihe von Beispielen verwertet worden ist, denen die Axiomatiker selbst irgend Etwas von ähnlicher Tragweite bis jetzt nicht haben hinzufügen können. Es genüge, an den Zusammenhang der Liniengeometrie Plückers mit der projektiven Geometrie im Raume von fünf Dimensionen und mit der Kugelgeometrie im gewöhnlichen Euklidischen oder Nicht-Euklidischen Raume zu erinnern.

Die gegenwärtig vorherrschende Wertschätzung der besprochenen Art von Aufgaben hat ihre Wurzel, bewußter- oder unbewußtermaßen, aber offenkundig, in der Philosophie Kants,

---

[1]) Ähnlich äußert sich auch Poincaré mit Bezug auf die Axiomatik, Bull. des Sc. Math., 2e série, **26**, 272, 1912.

der denn auch Hilbert das Motto zu seinem berühmten Buche
entlehnt hat [1]); in einer Philosophie, die selbst von dem antiken
Ideal stark beeinflußt war. Man kann es ja verstehen, daß gerade
diese Philosophie manchem Mathematiker besonders sympathisch
sein muß; wollte doch Kant in allen Wissenschaften nur so viel
wahre Wissenschaft finden, als Mathematik darinnen war. Aber
das ist kein Grund, seine Philosophie anzunehmen. Das wissenschaftliche Ideal Kants entspringt einer rein-spekulativen Geistesrichtung und ist für die Naturwissenschaften unbrauchbar.

Worauf es auch hier ankommt, ist, ob die sogenannten Tatsachen der Anschauung eine hinreichend deutliche Sprache reden,
und vor Allem, ob die Anschauung und nicht vielmehr die
Erfahrung Wirklichkeitswert hat — den Wert für die Erkenntnis der äußeren Welt, den Kant ihr zuschrieb und den offenbar auch unsere Autoren für sie in Anspruch nehmen. Hierauf
kommt es an: Denn wenn man sich auf die Erfahrung,
nicht auf psychologische Momente, nicht auf eine wie
immer näher zu bestimmende „Anschauung" beruft, so
fällt jeder Grund zur Ablehnung der Analysis als eines
Ausgangspunktes bei „geometrischen" Untersuchungen
hinweg. Daß aber die Anschauung den ihr zugeschriebenen
Wirklichkeitswert gar nicht hat, glauben wir nachgewiesen zu
haben (Abschnitt IV). Es fällt damit auch jeder Anlaß weg,
den Begriff der Geometrie, unter Ausschluß großer und inhaltsreicher Disziplinen, die sonst doch immer zur Geometrie gerechnet
werden, so eng zu umgrenzen, wie unsere Autoren es wollen.
Wir ziehen nun die Folgerung, daß die in Rede stehenden Probleme
der Axiomatiker auf gleiche Stufe mit anderen mathematischen
Problemen zu stellen sind, und mitnichten eine Art von geometrischer Aristokratie bilden, wie sie, nach der Meinung Einiger, es zu
tun scheinen. Es sind Probleme, wie andere, die zentralen Probleme
der Geometrie können wir in ihnen nicht finden.

Die besprochenen Untersuchungen werden, nach Ansicht des
Verfassers, auf ihren wahren Wert zurückgeführt, wenn sie aufgefaßt werden als Beantwortungen der Frage, wie gewisse — besonders interessante — Gruppen von Transformationen durch bestimmte, und zwar möglichst wenige aus ihrer Theorie entnommene

---

[1]) „So fängt denn alle menschliche Erkenntnis mit Anschauungen
an, geht von da zu Begriffen und endigt mit Ideen."

Lehrsätze gekennzeichnet, also von anderen Transformationsgruppen unterschieden werden können. Ohne Zweifel wird man
diese Urteilsbildung als „subjektiv" brandmarken. Es ist aber
nicht undenkbar, daß entgegenstehende Werturteile ebenfalls
und in noch höherem Maße subjektiv sind. Jedenfalls hat man
sie bis jetzt auf eine ganz ungenügende Art begründet, und
das wird geändert werden müssen, wenn man sie aufrecht
erhalten will.

Viel vorsichtiger als die genannten Forscher hat M. Pasch,
der eigentliche Urheber der modernen Axiomatik und Wieder-
beleber des antiken Ideals, im Falle der projektiven Geometrie
dieselbe Art der Problemstellung motiviert [1]. Statt auf eine subjektive Raumanschauung, beruft er sich auf die Erfahrung, die
Alle in gleicher Weise haben können. Entsprechend findet sich
bei ihm noch nicht die Ablehnung der Analysis als einer Grundlage „geometrischer" Untersuchungen, die er ja von seinem Standpunkt aus gar nicht hätte motivieren können. Wir vermögen
jedoch auch mit ihm nicht ganz einverstanden zu sein. Pasch
hat nämlich seine Geometrie (die projektive Geometrie im gewöhnlichen Raume) als eine Erfahrungswissenschaft auffassen wollen.
Er nimmt wirklich den Standpunkt ein, gegen den, wie wir gesehen haben, Poincaré polemisiert. Pasch meinte, man könne
„aus den unmittelbar beobachteten Gesetzen einfacher
Erscheinungen ohne jede Zutat und auf rein deduktivem
Wege" die Gesetze komplizierterer Erscheinungen gewinnen. Aber
jene Gesetze können wir gar nicht beobachten. Formulieren wir
„Gesetze", so tragen wir immer etwas in die Erscheinungen hinein,
wir fügen etwas hinzu oder nehmen etwas hinweg. Paschs Irrtum
— dafür müssen wir ihn halten — ist nicht ohne Folgen geblieben,
doch hat er glücklicherweise keinen großen Schaden angerichtet [2].

---

[1] Vorlesungen über Neuere Geometrie, Leipzig 1882. Vorwort
und Einleitung.

[2] Siehe S. 18 der zitierten Vorlesungen, wo gesagt wird, daß gewisse
Sätze nicht beliebig oft angewendet werden dürfen, ohne daß eine scharfe
Grenze existierte. Es kommt da zutage, daß die Grundsätze Paschs keinen
deutlichen Inhalt haben, gar nicht mathematische Sätze sind. Stellt man
aber dieselben Sätze als Hypothesen hin, und streicht man die auf ihre
Ungenauigkeit bezüglichen Ausführungen, so fällt dieser Einwand hinweg.

Derselbe Vorwurf der Unklarheit richtet sich gegen die „natürliche Geometrie" Wellsteins (siehe das Zitat, S. 127) und natürlich

Alle diese Autoren, Pasch, Hilbert und Schur, stimmen
darin überein, daß sie von Postulaten oder Hypothesen ausgehen,
die sich an elementare Erfahrungen anschließen, wobei aber nicht,
wie in unserer Darlegung, die Eigenschaften starrer Körper im
Vordergrund stehen, sondern Tatsachen, die man der Optik entlehnen kann. (Gerade als idealisierter Lichtweg.) Aber auch bei
diesem Ausgangspunkt kann die Anwendbarkeit der entwickelten
Systeme abstrakter Geometrie auf den empirischen Raum in ge-
nügendem Umfang erst durch die Erfahrungen der Astronomie
gesichert werden. Unsere Autoren haben das gewiß nicht bestritten, sie haben es aber auch nicht gesagt, sie haben dieser
Frage überhaupt keine Aufmerksamkeit geschenkt. Das mußten
sie jedoch tun, sobald sie ihre Untersuchungen nicht (wie es
sehr wohl möglich gewesen wäre) als solche der reinen
Mathematik hinstellten, sondern eine erkenntnistheoretische Bedeutung für sie in Anspruch nahmen. Haben solche Forschungen
einen besonderen, anderen mathematischen Untersuchungen nicht
zukommenden Wert wegen ihrer Beziehungen zur Außenwelt, so
hängt dieser Mehrwert ganz von dem Umfang ab, in dem ihre
Resultate zu den Erscheinungen passen. Man darf dann nicht
über diese Kardinalfrage hinweggleiten.

Schließlich wünschen wir noch, einem immerhin im Bereich
der Möglichkeit liegenden Mißverständnis vorzubeugen.

Wenn wir sagen, daß das, was gemeinhin Vorstellungsvermögen
oder Anschauung heißt, nur zum kleinsten Teile wirkliche Raumanschauung ist (S. 65) und für den Aufbau geometrischer Systeme
nicht die vielfach beanspruchte Bedeutung haben kann, so verkennen wir damit weder ihren hohen pädagogischen Wert, noch

---

auch gegen die „Funktionsstreifen" und überhaupt gegen die gesamte
„Approximationsmathematik" des Herrn F. Klein. Daß man sich
in Anwendungen der Mathematik auf die Natur oft mit einem
„ungefähr" begnügen muß, ist Tatsache. Man hat es aber immer verstanden, sich damit abzufinden, ohne solche Unklarheiten in die Mathematik selbst hineinzutragen, deren historische Entwickelung sich in
der gerade entgegengesetzten Richtung bewegt, nämlich Unklarheiten
zu beseitigen strebt. Wenn statt der sonst üblichen sorgfältigen Schätzungen ein uferloses Ungefähr seinen Einzug in die Mathematik
halten darf, so wird deren Wesen zerstört. Rückläufige Tendenzen
sollten um so schärfer bekämpft werden, je größer das Ansehen Derer
ist, die sie vertreten. Aber natürlich geschieht das Gegenteil.

ihren Wert für die Forschung. Wir leugnen nicht die Bedeutung jener dunkeln, im Unterbewußtsein oder sogar im Unbewußten verlaufenden Geistestätigkeit, der Intuition, für die Produktivität des Geometers [1]). Es will uns sogar scheinen, als ob diese bei Mathematikern merkwürdigerweise nicht eben häufig anzutreffende Qualität des Geometers spezifische Begabung ausmachte, und als ob sie vielmehr von anderer Seite nicht immer richtig und namentlich nicht ihrer Seltenheit entsprechend eingeschätzt würde. Aber diese geometrische Intuition ist ganz und gar nicht auf Zahlenkontinua von drei Dimensionen eingeschränkt. Man spricht seit Gauß vielfach von einer „Geometrie" im „Raume" von mehr als drei Dimensionen und meint mit diesem Raum ein Zahlenkontinuum, für das uns eine Anschauung im üblichen Sinne des Wortes unzweifelhaft fehlt [2]). Dennoch kann mit dieser n-dimensionalen Geometrie der darin Geübte ebenso umgehen wie mit der gewöhnlichen; was gelegentlich schon zu der Täuschung geführt hat, man könne sich sogar diese Räume „vorstellen". Will man also „Anschaulichkeit" im üblichen Sinne als Bedingung eigentlich-geometrischer Untersuchungen festhalten, so bringt man damit etwas dem Geiste der Mathematik völlig Fremdes in sie hinein, und man wird gezwungen, Gleichartiges, eng Zusammengehöriges auseinanderzureißen. Man kommt, wenn man konsequent sein will, z. B. zu der Folgerung — die wirklich auch schon gezogen worden ist —, daß die projektive Liniengeometrie im gewöhnlichen Raume nichts zu tun hat mit der Geometrie auf einer quadratischen Mannigfaltigkeit im Raume von fünf Dimensionen — die ja „nicht den Namen Geometrie verdient". Man geht dem Nächstliegenden aus dem Wege, weil es zu der für sachgemäß gehaltenen engen Umgrenzung des Begriffs der Geometrie nicht passen will, und man stellt unnötig verwickelte Überlegungen an, weil man irrtümlich glaubt, daß sie oder doch ihre Grundlagen anschaulich seien.

---

[1]) Siehe die schöne Charakterisierung des Gegensatzes von logischer und intuitiver Begabung bei Poincaré, Wert der Wissenschaft, Leipzig 1906, S. 8—11, und H. Weber, ebenda, S. 213.

Ferner Gauß, Werke IV, S. 366: „Daß diese logischen Hilfsmittel für sich nichts zu leisten vermögen, und nur taube Blüten treiben, wenn nicht die befruchtende lebendige Anschauung des Gegenstandes überall waltet, kann wohl niemand verkennen, der mit dem Wesen der Geometrie vertraut ist." — [2]) Vgl. S. 87.

So kommen wir schließlich von anderer Seite her wieder zur selben These:

Daß „Anschaulichkeit" nicht einmal im Sinne einer Anlehnung an vorstellbare Figuren oder Körper als Kriterium „geometrischer" Untersuchungen auch nur für deren Grundlagen gefordert werden darf.

Bei Erörterungen über mathematische Methoden ist zuweilen auch von einer „Forderung der Reinheit" solcher Methoden die Rede; auch sie pflegt benutzt zu werden, um gewissen Betrachtungen eine Vorzugsstellung zuzuerkennen, und so eine andere Art von „mathematischer Aristokratie" zu schaffen. Es mag erlaubt sein, anhangsweise auch das noch zu besprechen.

Im Ganzen neigen wir zu der Meinung, daß das Ideal der Methodenreinheit weit mehr Schaden angerichtet als Nutzen gestiftet hat. Es scheint von Einseitigkeit seiner Lobredner unzertrennlich zu sein. Einseitigkeit ist ein schwer zu vermeidendes Übel für jeden Einzelnen, aber eben deshalb sollte man einer dahin neigenden Trägheit nicht noch mit seichten theoretischen Argumenten zu Hilfe kommen. Es sollte doch einleuchten, daß der produktive Mathematiker gar nicht genug verschiedene Methoden zur Hand haben kann. Wie viele Fehler wären nicht z. B. in der Geometrie vermieden worden, wenn die auf Reinheit ihrer Methode besonders erpichten Geometer sich ernsthaft bemüht hätten, ihre vermeintlichen Resultate mit Hilfe der Analysis zu kontrollieren. Aber auch der fruchtbarsten Forschungsmittel beraubt man sich, wenn man die Mathematik in Teildisziplinen zu zersplittern sucht, die vermeintlich nichts miteinander zu tun haben. Die beim ersten Eindringen zuweilen sehr überraschenden Zusammenhänge zwischen anscheinend heterogenen Stoffen sind zahlreich und bilden an sich einen Gegenstand von höchstem Interesse, auch geht eine starke suggestive Wirkung gerade von ihnen aus. Es brauchen dabei gar nicht immer sonderliche Schwierigkeiten vorzuliegen. Namentlich Verfasser elementarer Lehrbücher sollten diesem Punkte mehr Aufmerksamkeit schenken, wozu allerdings eine gerade bei solchen Autoren oft zu vermissende Sachkenntnis gehört. Was gewöhnlich unter der Flagge der Pädagogik einherzieht, ist doch nur Scheuklappenmathematik, mit der man nicht anregende Lehrer und womöglich Forscher, sondern nur Prüfungskandidaten und bestenfalls wissenschaftliche Routiniers heranbildet. Angebliche Forderungen der Pädagogik dienen hier, wie so oft, zum Deckmantel der Unwissenheit. Die Methoden sollen einander ergänzen, dann aber müssen dem Lernenden doch mindestens nachdrückliche Hinweise auf die Vielseitigkeit der behandelten Stoffe gegeben werden, während beinahe ein Jeder Alles ignoriert, was sich nicht der allein seligmachenden Methode bedient. Sieht man sich vor die Notwendigkeit einer Auswahl gestellt, so verdient nicht die „reinste" Methode den Vorzug, sondern die fruchtbarste, die den größten Gedankenkreis umspannt, und das wird öfter auch die einfachste, also die aus pädagogischen Gründen vorzuziehende sein. Auf die Resultate kommt es vor Allem an, und in zweiter Linie erst steht die Methode für Den, der nicht nur mathematische Philosophie oder philosophische Mathematik treiben, sondern sich schöpferisch betätigen will.

Dem gegenüber ist geltend zu machen, daß nach genügend vielseitiger Ausbildung des Mathematikers, die unseres Erachtens unter keinem Vorwand vernachlässigt werden darf, doch auch eine Bemühung um Methodenreinheit ihre sehr guten Seiten hat. Vor Allem ist sie wie nichts Anderes geeignet, den mathematischen Schönheitssinn zu entwickeln, dessen Vorhandensein überall angenehm empfunden wird, und dessen Fehlen die Wirkung so mancher vielleicht wertvollen Bemühung völlig zu vereiteln vermag. Sodann zwingt diese Forderung zur Vertiefung, es ergeben sich aus ihr neue allgemeine wie spezielle Probleme, deren Lösungen die Sache fördern müssen, wenn sie nicht gar zu abstrus ausfallen. In diesem Sinne scheinen uns auch einige der zuvor besprochenen Untersuchungen die Geometrie gefördert zu haben.

Hier nehme ich Abschied vom Leser, der mir geduldig gefolgt ist, und dem ich zum Danke dafür seine vielen Achs und Ohs und die Frage- und Ausrufungszeichen, mit denen er den Rand des kleinen Buches geschmückt haben wird, durchaus nicht zu verübeln gedenke. Ich werde zufrieden sein, wenn es mir gelungen ist, den Einen oder Anderen zum Nachdenken über Dinge zu veranlassen, die gewöhnlich als selbstverständlich hingestellt und auf bloße Versicherungen dieser oder jener Autorität hin blindlings geglaubt werden.

Autorenregister.

Autorenregister.

Sachregister.